			13	14	15	16	17	18
								₂He ヘリウム 4.003
			₅B ホウ素 10.81	₆C 炭素 12.01	₇N 窒素 14.01	₈O 酸素 16.00	₉F フッ素 19.00	₁₀Ne ネオン 20.18
10	11	12	₁₃Al アルミニウム 26.98	₁₄Si ケイ素 28.09	₁₅P リン 30.97	₁₆S 硫黄 32.07	₁₇Cl 塩素 35.45	₁₈Ar アルゴン 39.95
₂₈Ni ニッケル 58.69	₂₉Cu 銅 63.55	₃₀Zn 亜鉛 65.38	₃₁Ga ガリウム 69.72	₃₂Ge ゲルマニウム 72.63	₃₃As ヒ素 74.92	₃₄Se セレン 78.97	₃₅Br 臭素 79.90	₃₆Kr クリプトン 83.80
₄₆Pd パラジウム 106.4	₄₇Ag 銀 107.9	₄₈Cd カドミウム 112.4	₄₉In インジウム 114.8	₅₀Sn スズ 118.7	₅₁Sb アンチモン 121.8	₅₂Te テルル 127.6	₅₃I ヨウ素 126.9	₅₄Xe キセノン 131.3
₇₈Pt 白金 195.1	₇₉Au 金 197.0	₈₀Hg 水銀 200.6	₈₁Tl タリウム 204.4	₈₂Pb 鉛 207.2	₈₃Bi* ビスマス 209.0	₈₄Po* ポロニウム (210)	₈₅At* アスタチン (210)	₈₆Rn* ラドン (222)
₁₁₀Ds* ダームスタチウム (281)	₁₁₁Rg* レントゲニウム (280)	₁₁₂Cn* コペルニシウム (285)	₁₁₃Nh* ニホニウム (278)	₁₁₄Fl* フレロビウム (289)	₁₁₅Mc* モスコビウム (289)	₁₁₆Lv* リバモリウム (293)	₁₁₇Ts* テネシン (293)	₁₁₈Og* オガネソン (294)

₆₄Gd ガドリニウム 157.3	₆₅Tb テルビウム 158.9	₆₆Dy ジスプロシウム 162.5	₆₇Ho ホルミウム 164.9	₆₈Er エルビウム 167.3	₆₉Tm ツリウム 168.9	₇₀Yb イッテルビウム 173.0	₇₁Lu ルテチウム 175.0
₉₆Cm* キュリウム (247)	₉₇Bk* バークリウム (247)	₉₈Cf* カリホルニウム (252)	₉₉Es* アインスタイニウム (252)	₁₀₀Fm* フェルミウム (257)	₁₀₁Md* メンデレビウム (258)	₁₀₂No* ノーベリウム (259)	₁₀₃Lr* ローレンシウム (262)

( )内に示した。

有機反応のメカニズム

加藤明良

三共出版

はじめに

　現在知られている有機化合物の数は，1200万種以上にもなる。また，これらを合成するための反応も250万種以上あり，厳選されたものでも3万種近い。これらの数値だけをみると，気が遠くなってしまいそうである。しかし実際には，有機化合物を合成するために用いられる反応には共通点が多く，限られた数の反応様式に分類することができる。このテキストは，基本的かつ代表的な有機反応をその反応様式ごとに分類し，それらの反応メカニズム（反応機構）を有機電子論の立場から平易に解説したものである。

　このテキストの特徴は，以下の通りである。1）半期の授業すなわち週1回1コマ（90分）15週の授業を念頭に置き，半期ですべてが教えられるよう内容を精選した。2）第1章「高校化学とのつながり」で，高校で学んできた有機化学分野の内容とこのテキストで取り扱っている有機反応とのつながりを明らかにし，学生に"暗記"から"理解"への意識改革を求めた。3）本文中にできる限り多くの反応式や図を挿入するとともに，二色刷にすることにより各反応で注目して欲しい部分を明確にし，視覚的に反応のメカニズムが理解できるよう工夫した。4）2個の電子の動きを示す矢印を数多く使用し，電子の動きが理解しやすいようにした。5）授業中に気付いた点や補足の内容をノート代わりに自由に書き込めるよう，見開きページの両サイドに余白を設けた。6）本文の内容を理解するために，他の参考書を極力使用しないですむように，できる限り多くの化学用語の解説を余白部分で行った。7）本文中の重要な化学用語には括弧書きで英文表記を行い，これを活用するための英語索引を本の末尾に設けた。8）各章末には，基礎から応用まで数多くの演習問題を入れ，問題の直後のページに詳しい解答を示した。これにより内容の理解度を学生自らが簡単にチェックできるようにした。

　最近の学生は，高校までの"暗記"に慣れてしまい，自ら積極的に学び"理解する"楽しさが身に付いていないように思える。このテキストは，独学したいと思っている学生にも十分満足してもらえるように仕上がったと自負している。

　最後に，本書をまとめるにあたり多くの著書を参考にさせていただきました。それらの著者各位に感謝いたします。また，詳細にわたる校正を手伝っていただいた研究室の齋藤良太助手に感謝いたします。さらに，本テキストの編集・出版に際して終始懇切ていねいなアドバイスをいただいた，三共出版株式会社の細矢久子・秀島功両氏に心からお礼申し上げます。

平成16年1月

著　者

目　次

1　高校化学とのつながり
1・1　高校化学の教科書にみる反応 …………………………………………… 1

2　求核置換反応
2・1　求核置換反応 ……………………………………………………………… 6
2・2　S_N2反応 ……………………………………………………………………… 7
2・3　S_N1反応 ……………………………………………………………………… 8
2・4　S_N反応に関与するいろいろな要因 ……………………………………… 9
2・4・1　S_N反応における構造および電子効果　9
2・4・2　S_N反応における立体化学　10
2・4・3　脱離基Lの影響　12
2・4・4　溶媒の影響　13
2・4・5　求核試薬の影響　13
2・5　S_N1反応と隣接基関与－非古典的カルボカチオン ………………… 14
2・6　S_Ni反応 ……………………………………………………………………… 15
2・7　見かけ上立体保持（2回の立体反転）の反応 ………………………… 16
章末問題と解答 …………………………………………………………………… 17

3　求電子置換反応
3・1　求電子置換反応 …………………………………………………………… 24
3・2　ニトロ化反応（Nitration）………………………………………………… 26
3・3　スルホン化反応（Sulfonation）…………………………………………… 26
3・4　ハロゲン化反応（Halogenation）………………………………………… 27
3・5　フリーデル-クラフツ反応（Friedel-Crafts reaction）………………… 27
3・5・1　Friedel-Craftsのアルキル化反応　27
3・5・2　Friedel-Craftsのアシル化反応　29
3・6　一置換ベンゼンの求電子置換反応 …………………………………… 29
3・6・1　*m*-配向性置換基　30
3・6・2　*o*-/*p*-配向性置換基　31
3・7　二置換ベンゼンの求電子置換反応 …………………………………… 33
3・8　ナフタレンのスルホン化：速度論的支配と熱力学的支配 ………… 34
3・9　ベンゼン環への求核置換反応 ………………………………………… 36
3・9・1　ニトロ化ベンゼンのS_N2反応　36

3・9・2　ベンゼンジアゾニウム塩のS_N1反応　*37*

　　　3・9・3　ベンザインを経由する反応　*38*

　章末問題と解答 ………………………………………………………… *39*

4　求電子付加反応

　4・1　C＝C二重結合への求電子付加反応 ……………………………… *46*

　　　4・1・1　C＝C二重結合へのハロゲンの付加　*46*

　　　4・1・2　共役二重結合への臭素の付加　*48*

　　　4・1・3　C＝C二重結合へのハロゲン化水素の付加　*49*

　　　4・1・4　C＝C二重結合への水の付加　*50*

　　　4・1・5　ヒドロホウ素化－酸化反応　*51*

　　　4・1・6　シス付加によるジヒドロキシル化　*51*

　　　4・1・7　エポキシ化　*52*

　　　4・1・8　オキシ水銀化　*53*

　　　4・1・9　酸化的開裂反応：オゾン分解　*54*

　4・2　C≡C三重結合への求電子付加反応 ……………………………… *55*

　　　4・2・1　ハロゲン付加　*55*

　　　4・2・2　ハロゲン化水素付加　*56*

　　　4・2・3　水 和 反 応　*56*

　　　4・2・4　ヒドロホウ素化－酸化反応　*57*

　章末問題と解答 ………………………………………………………… *58*

5　求核付加反応

　5・1　金属水素化物との反応 ……………………………………………… *64*

　5・2　グリニャール反応 (Grignard reaction) …………………………… *66*

　5・3　ウィッティッヒ反応 (Wittig reaction) …………………………… *68*

　5・4　カニッツァロ反応 (Cannizzaro reaction) ………………………… *69*

　5・5　ベンゾイン縮合 (Benzoin condensation) ………………………… *70*

　5・6　活性メチレン化合物との反応 ……………………………………… *71*

　　　5・6・1　アルドール縮合　*71*

　　　5・6・2　分子内アルドール縮合　*73*

　　　5・6・3　クライゼン縮合　*73*

　　　5・6・4　ディークマン縮合　*74*

　5・7　C＝C二重結合に対する求核付加反応 …………………………… *74*

　章末問題と解答 ………………………………………………………… *77*

6 転位反応

6・1 炭素骨格が変化しない転位反応 …… 84
6・2 炭素骨格が変化する転位反応 …… 86
6・2・1 ネオペンチル転位 *86*
6・2・2 ピナコール-ピナコロン転位 *86*
6・3 電子が不足した炭素原子への転位反応 …… 87
6・3・1 ウォルフ転位 *87*
6・4 電子が不足した窒素原子への転位反応 …… 88
6・4・1 ホフマン転位 *88*
6・4・2 ロッセン転位, クルチウス転位, シュミット転位 *90*
6・4・3 ベックマン転位 *91*
6・5 電子が不足した酸素原子への転位反応 …… 93
6・5・1 バイヤー-ビリガー酸化 *93*
6・5・2 ヒドロペルオキシド転位 *94*
6・6 アニオンが関与する転位反応 …… 95
6・6・1 スティブンス転位 *95*
6・6・2 ウィッティッヒ転位 *96*
6・6・3 ソムレー転位 *96*
6・6・4 ファボルスキー転位 *97*
6・6・5 ベンジル酸転位 *98*

章末問題と解答 …… 99

7 脱離反応

7・1 二分子脱離反応: E2反応 …… 105
7・2 一分子脱離反応: E1反応 …… 107
7・3 炭素陰イオン型一分子脱離反応: E1cB反応 …… 107
7・4 E2における脱離の配向性: ザイツェフ則とホフマン則 …… 108
7・5 脱離反応における立体化学 …… 110
7・6 シス脱離 …… 112
7・6・1 コープ反応 *112*
7.6.2 チュガーエフ反応 *112*
7・7 その他の脱離反応 …… 113
7・7・1 金属を用いた脱離反応 *113*
7・7・2 水の脱離反応 *114*

章末問題と解答 …… 116

8 ラジカル反応

- 8・1 ラジカルの生成 …… 122
- 8・2 ラジカルの安定性 …… 123
- 8・3 ラジカルの反応 …… 124
  - 8・3・1 水素引き抜き反応 *124*
  - 8・3・2 *N*-ブロモコハク酸イミドによる臭素化反応 *125*
  - 8・3・3 ラジカル付加反応 *126*
  - 8・3・4 ラジカルの二量化反応 *127*
- 章末問題と解答 …… 129

9 協奏反応

- 9・1 分子軌道論 …… 133
  - 9・1・1 水素分子のLCAO MO法 *133*
  - 9・1・2 ヒュッケル分子軌道法 *134*
- 9・2 ディールス-アルダー反応 (Diels-Alder reaction) …… 136
- 9・3 電子環状反応 …… 139
- 9・4 シグマトロピー転位 …… 140
  - 9・4・1 コープ転位 *141*
  - 9・4・2 クライゼン転位 *142*
- 章末問題と解答 …… 144

参 考 文 献 …… 149
索　　引 …… 151

1 高校化学とのつながり

　高校では，「有機化合物の化学」と「高分子化合物の化学」の授業を通して化合物の構造や性質についての基本を学ぶと同時に，それらの化合物が何からどのようにしてつくられ，私達の生活の中でどのように役立っているかを学んだと思う。「高校の化学は暗記科目だ」とよくいわれるし，多くの高校生がそう思っていると思う。その原因は何だろうか。受験に勝つためには「AとBが反応するとCが得られる」といった形で，できる限り多くの反応を暗記する必要がある。暗記するよりもっと大切であり，化学の面白さがかくされている部分が「なぜ，AとBが反応するとCが得られるのだろうか？」という疑問を解決することである。せっかく大学で「化学」を学ぶのだから，この"なぜ"という知的好奇心をかきたてその本質を理解するのが，この本で学ぶ「有機反応のメカニズム」である。基本となる概念は，「有機電子論」である。現実の世界では何万もの反応が知られているが，実際には10数種類の反応に大別することができる。この章では，高校化学の教科書からいくつかの反応を紹介し，「なぜこのような反応が起こるのか？」を詳細に解説した章を紹介し，この本を通して"暗記する"から"理解する"へと意識改革ができればと思う。

1・1　高校化学の教科書にみる反応

　まず，脂肪族飽和炭化水素とハロゲンとの反応がでてくる。具体的には，「メタンに塩素を加え，日光や紫外線を当てると，激しく反応して水素原子が塩素原子に置き換わったクロロメタンが得られる」という記述である（式1-1）。このような反応は，置換反応（substitution reaction）または塩素

$$\text{CH}_4 + \text{Cl-Cl} \xrightarrow{\text{紫外線}} \text{CH}_3\text{Cl} + \text{H-Cl} \quad (1\text{-}1)$$

$$\text{Cl-Cl} \xrightarrow{\text{紫外線}} 2\,\text{Cl·} \quad \text{塩素ラジカル}$$

化（反応）(Chlorination) と呼ばれる。この反応で，"なぜ日光や紫外線が必要なのだろうか？" とか "日光や紫外線はどのような働きをするのだろうか" という疑問がわいてくる。実は，この日光や紫外線はCl-Clの結合を切断して，反応性の高い塩素ラジカル（Cl·）を生成させるために使われているのである。このラジカル反応については，第8章で詳しく取り扱う。

次に，脂肪族不飽和炭化水素とハロゲンとの反応がでてくる。具体的には，「エチレンに臭素水を反応させると，臭素水の赤色が消え1,2-ジブロモエタンが生じる」という記述である（式1-2）。このような反応は，求電子

$$\text{CH}_2=\text{CH}_2 + \text{Br-Br} \longrightarrow \text{BrCH}_2-\text{CH}_2\text{Br}$$
1,2-ジブロモエタン

$$\text{H-C-C-OH} \xleftarrow{\text{H}_2\text{O}} \text{C=C} \xrightarrow{\text{HX}} \text{H-C-C-X} \quad (1\text{-}2)$$

$$\downarrow \text{HOBr : Br}_2 \text{ in H}_2\text{O}$$

$$\text{Br-C-C-OH}$$

付加反応 (electrophilic addition)，または単に付加反応と呼ばれる。なぜこのような反応が起こるかを知るためには，二重結合が電子に富み動きやすいπ-電子をもっていることと，臭素分子が二重結合に近づくと分極しやすい性質をもっていることを理解する必要がある。また，この反応のメカニズムを理解すれば，二重結合への水分子の付加，ハロゲン化水素(HX=HCl, HBr, HI) の付加，次亜塩素酸（HOCl: Cl_2 in H_2O）の付加，次亜臭素酸の付加（HOBr: Br_2 in H_2O）などはみな同じような反応メカニズムで進行するので，暗記する必要はなく，その場で生成物を正しく予想できるのである。この求電子付加反応については，第4章で詳しく取り扱う。

次に，芳香族炭化水素の反応がいくつか紹介されている。一例を示すと，「アルケンには，塩素や臭素が付加するが，見かけ上二重結合が3個あるベンゼンに塩素や臭素を加えただけでは，何の反応も起こらない。しかし，鉄粉や塩化鉄（III）などを同時に添加すると，水素原子が塩素原子に置き換わったクロロベンゼンが生じる」という記述である（式1-3）。このような

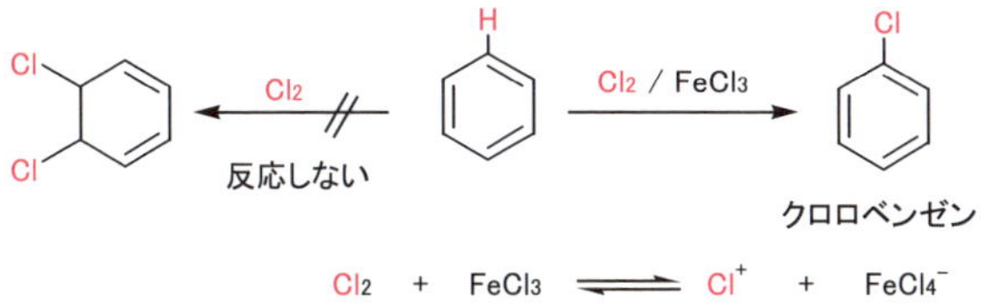

反応は，求電子置換反応（electrophilic substitution）と呼ばれる。アルケンとベンゼンは，見かけ上同じ二重結合をもつが，まったく違う反応性を示すことを理解するためには，ベンゼン環特有の"芳香族性（aromaticity）"を理解する必要がある。この概念を理解できれば，ベンゼンのニトロ化（nitration），スルホン化（sulfonation），さらにはアルキル化（alkylation）やアシル化（acylation）などの一連の反応は類似の反応メカニズムで進行するため，暗記する必要はまったくない（式1-4）。ベンゼンやその誘導体の求電子置換反応については第3章で詳しく取り扱う。

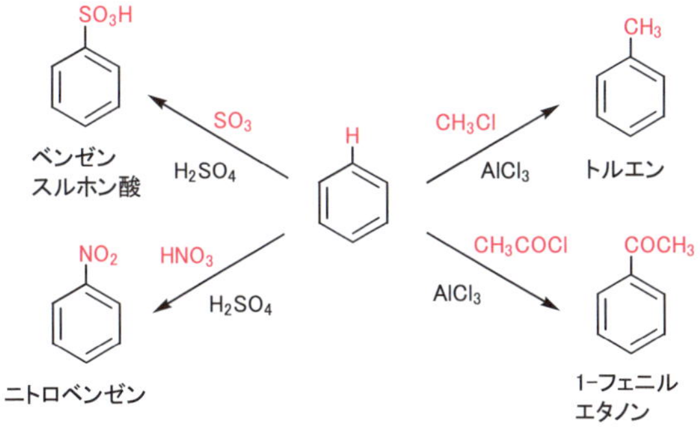

次にアルコールの反応がでてくる。具体的には「エタノールを濃硫酸とともに130～140℃に加熱すると，主にジエチルエーテルが生じる」という記述である（式1-5）。このような反応は，縮合反応（condensation reaction）または脱水反応（dehydration）と呼ばれる。この反応では，濃硫酸の触媒としての働きを理解すれば反応のメカニズムは簡単に理解できる。しかも，この縮合反応はいろいろな化合物の反応においてよく見られるので，反応のメカニズムを理解しておけば，いろいろな反応に応用できる。

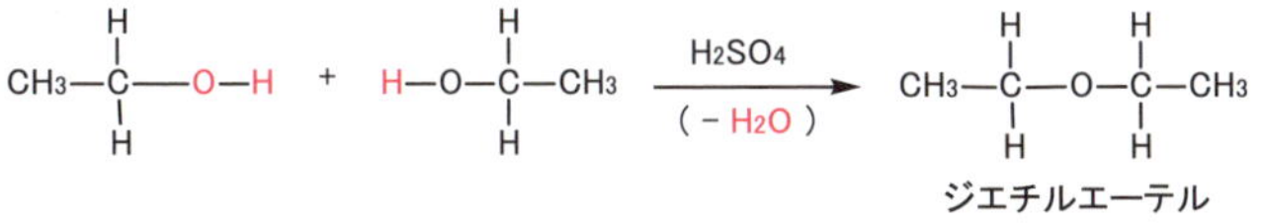

次にアルデヒド（aldehyde），ケトン（ketone），カルボン酸（carboxylic acid），エステル（ester）類（図1・1）が紹介されているが，合成法や化学的

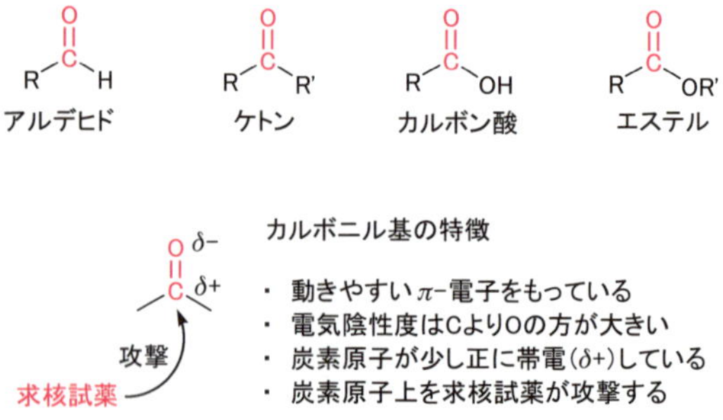

図 1・1

性質の記述が中心であり，反応についてはほとんど触れられていない。しかし実際には，カルボニル基 C=O の特徴（図 1・1）に基づく多種多様な求核付加反応（nucleophilic addition）が知られている。この求核付加反応については，第 5 章で詳しく取り扱う。

最後に，ベンゼンの誘導体であるトルエン，フェノール，ニトロベンゼン，アニリンなどの合成法，化学的性質，反応がでてくる。これらベンゼン誘導体の反応は，式 (1-3) や式 (1-4) のベンゼンの反応メカニズムを理解しておけば，暗記することなく生成物を予測することができる。一例をあげると，「アニリンの塩酸水溶液に氷冷しながら亜硝酸ナトリウム水溶液を加えると，塩化ベンゼンジアゾニウムの水溶液が得られる。この水溶液にフェノールの水酸化ナトリウム水溶液を加えると，橙赤色の p-ヒドロキシアゾベンゼンが得られる」という記述である（式 1-6）。この反応では，式

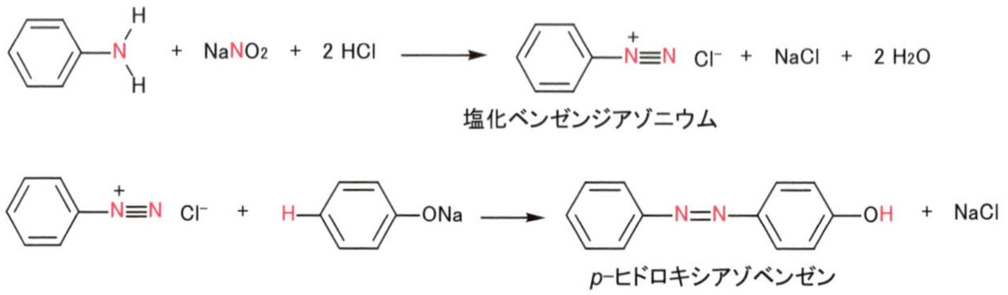

(1-6)

(1-3) の Cl^+ を $C_6H_5N_2^+$ に置き換えて考えれば，容易に理解できる。この求電子置換反応についても，第 3 章で詳しく取り扱う。

以上のように，高校化学の教科書で取り上げられているいくつかの反応を紹介した訳は，1) この本で紹介する内容が，高校時代に勉強した内容を多く含んでいること，2) これから勉強する膨大な数の有機反応を"暗記"することはやめ，新しい視点，すなわち"有機電子論"に基づいて反応の本質を"理解"することが重要であることをわかってもらうためである。

最初のうちは，有機電子論と反応のメカニズム（電子の動き）を示す矢

印に戸惑うと思うが，第2章から第9章までねばり強く勉強して欲しい。そして，高校時代にはほとんど体験できなかった"理解するたのしさ"を是非とも実感してもらいたい。

記号の説明

記号	意味
→	反応
⇌	平衡
↔	共鳴
------	二重結合性を帯びた単結合
⌢	反応に関与する2電子の移動
$\xrightarrow{h\nu}$	光反応
──	紙面の表側にある結合
⋯⋯	紙面の裏側にある結合
‡	遷移状態

反応式の説明

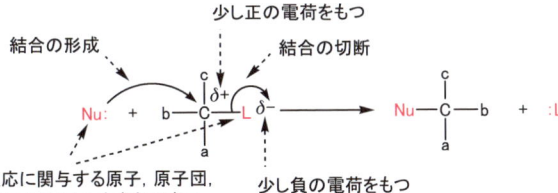

- 結合の形成
- 少し正の電荷をもつ
- 結合の切断
- 反応に関与する原子，原子団，あるいはイオンを赤色で表示
- 少し負の電荷をもつ

略号の説明

略号	名称	構造
Me	メチル	CH₃–
Et	エチル	CH₃CH₂–
Bu	ブチル	CH₃CH₂CH₂CH₂–
Buᵗ	tert-ブチル	(CH₃)₃C–
Ph	フェニル	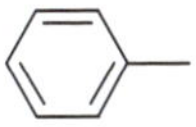 C₆H₅–
Ts	トシル	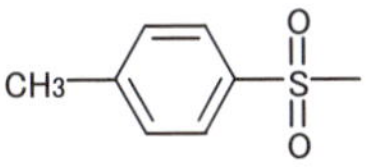 CH₃–C₆H₄–SO₂–
Ac	アセチル	CH₃–CO–

2 求核置換反応

求核置換反応は、さまざまな反応の中でそのメカニズムが最も深く研究された反応であるだけでなく、多種多様な有機分子の合成に幅広く利用されている反応である。この章では、求核置換反応のメカニズムを解りやすく解説する。

非共有電子対

アンモニア分子 NH_3 中には、NとHの間に共有される3つの電子対のほかに、Nのみに属する電子対がある。
このように他の原子との結合にあずかっていない2個ずつ対になった電子を非共有電子対または孤立電子対 (lone pair) という。水分子もあわせて示した。

```
H:N:H        :O:H
  H           H
アンモニア分子  水分子
```

電気陰性度

2つの原子A, Bが結合をつくるときA原子とB原子がそれぞれ電子を引きつける度合いを示したもの。周期表で同じ族にある原子どうしでは、上方にある原子の方が下方にある原子より電気陰性度は大きい。また、同じ周期では右方にある原子の方が左方にある原子よりも電気陰性度は大きい。電気陰性度は、2原子間の結合のイオン性の目安となる。

2・1 求核置換反応

代表的な求核置換反応 (nucleophilic substitution reaction) の例として、飽和炭素上での反応について考えてみよう。求核置換反応を一般式で表すと以下のようになる。形式的には求核試薬 (Nucleophile; Nu: または Nu:⁻) が中心炭素を攻撃し新しい結合が形成されると同時に、置換基 (L) と炭素間の結合が切断される。この一連の反応で、置換基 (L) は求核試薬 (Nu: または Nu:⁻) で置換されたことになる。置換された基 (L) は、一般的には脱離基 (leaving group) と呼ばれる。この反応では、式 (2-1) に示したよう

(2-1)

に、炭素よりも電気陰性度の大きい脱離基 (L) と炭素からなる C-L 結合は $C^{\delta+}$-$L^{\delta-}$ のように分極しており、$\delta+$ を帯びた炭素を非共有電子対 (unshared electron pair) (Nu:) または負電荷 (Nu:⁻) をもつ試薬が攻撃するので、求核 (+を求める) 的反応と呼ばれる。この求核置換反応は、そのメカニズ

ムの観点からS_N1反応とS_N2反応の2つに大別される。

2・2 S_N2反応

S_N2反応の代表的な例として，臭化メチルと水酸化物イオンとの反応を取り上げ，詳しく見ていくことにする（式2-2）。S_N2反応とは，"置換反応"

(2-2)

（Substitution）で"求核的"（Nucleophilic）で，"2分子"（bimolecular）の反応であることを意味している。この反応の特徴としては，1）反応速度が臭化メチルと水酸化物イオンの濃度の積に比例すること，

$$v = k[CH_3Br][HO^-]$$

2）Br^-が完全に脱離する前に攻撃してきたHO^-が炭素原子と部分的に結合を形成し5配位の遷移状態（transition state）をとること（図2·1），

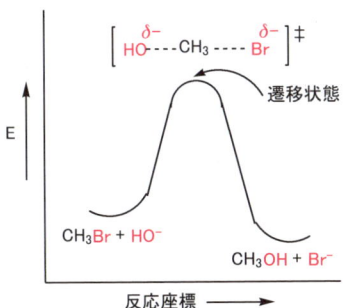

図2·1 S_N2反応におけるエネルギー状態図

3）安定な中間体は存在しないこと，4）HO^-はC-Br結合の中心を結ぶ線に沿って背面攻撃（back-side attack）すること，5）反応は協奏反応（concerted reaction）と呼ばれ結合の形成が結合の開裂と同時に起こること，6）後述する光学活性な化合物を用いた実験から，本反応ではワルデン反転

遷移状態

一般に，ある安定な状態から他の安定な状態に移る過程の途中で通過する自由エネルギー極大の状態を遷移状態という。

Walden反転

反応中に立体配置が逆配置になるとき，立体配置が反転したという。この現象は，1896年にP. Waldenにより発見されたため，立体配置の反転はWalden反転とも呼ばれる。例を以下に模式的に示す。ここで，実線は面内に，破線は面の裏側に，くさびは面の表側に原子または原子団が位置することを示す。

（Walden inversion）と呼ばれる立体配置の反転が起こることなどがあげられる。

2・3　S$_N$1 反応

S$_N$1 反応の代表的な例として，2-ブロモ- 2 -メチルプロパン（臭化 *tert*-ブチル）と H$_2$O の反応を取り上げ，詳しく見ていくことにする（式2-3）。

(2-3)

S$_N$1 反応とは，"置換反応"（Substitution）で"求核的"（Nucleophilic）で，"1分子"（unimolecular）の反応であることを意味している。この反応の特徴としては，1）反応の速度を測定すると，2-ブロモ- 2 -メチルプロパンの濃度のみに比例すること，

$$v = k[(CH_3)_3CBr]$$

2）C-Br結合の解離には大きなエネルギーが必要であるが，これには生成したイオンと H$_2$O との溶媒和エネルギー（solvation energy）が充てられること，3）中間体として比較的安定なカルボカチオン（carbocation）が生成すること（図2·2），4）この反応の律速段階（rate-determining step）はC-Br結合の開裂であること，5）カルボカチオンは平面構造をとることから，

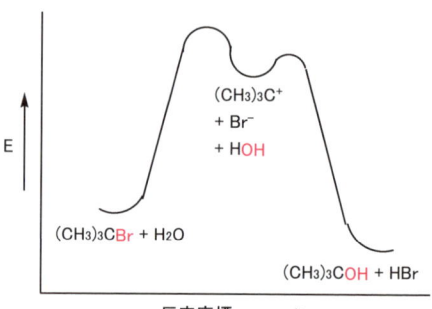

図 2·2　S$_N$1 反応におけるエネルギー状態図

溶媒和

溶液中で溶質分子またはイオンがそれに隣接する溶媒分子を静電的に引きつけ，1つの分子集合体をつくる現象を溶媒和という。以下にカチオン（M$^+$）とアニオン（X$^-$）の溶媒和構造を示す。ここでR-OHは，アルコール分子を表す。

律速段階

ある速度過程がいくつかの素過程からなるとき，全体としての速度を決定している素過程を律速段階という。

H₂O分子は平面の両側から攻撃すること，6) 光学活性な化合物を用いた実験から，ラセミ体が生成することなどがあげられる。

 S_N反応に関与するいろいろな要因

以上に述べたS_N1反応とS_N2反応の特徴は，両反応の違いを鮮明にするために"断定的"に表現しているが，実際には反応に用いる基質の構造や反応条件などによりかなり違った様相を呈することになる。そこで，求核置換反応に及ぼすいろいろな要因についてみることにする。

2・4・1 S_N反応における構造および電子効果

S_N2反応では，遷移状態の構造から考えて，中心炭素に結合する置換基の数が増えるほど，言い換えれば級数が上がるほど置換基間の立体障害 (steric hindrance) が起こり反応が遅くなることが予想される。実際にヨウ化アルキルのヨウ素原子を塩化物イオンで置換する反応から求めた相対速度は表2・1のようになり，一級＜二級＜三級の順に反応が遅くなる。また，

表2・1 二次反応速度定数の比較

R-I + Cl⁻ ⟶ R-Cl + I⁻

R-I	CH₃I	CH₃CH₂I	(CH₃)₂CHI	(CH₃)₃CI
相対速度	1	1.6×10^{-2}	2.1×10^{-4}	4.8×10^{-5}

S_N2反応における電子効果を考えた場合，一級→二級→三級とメチル基が増加していくと，メチル基のI効果 (inductive effect)，すなわち電子供与性効果により，級数が上がるにつれて中心炭素上のδ+性が減少しCl⁻の攻撃が困難になり，反応速度は遅くなる。

S_N1反応ではカルボカチオン中間体を経由して反応が進行するため，安定なカルボカチオンを生成する基質ほど反応が速くなることが予想される。実際に臭化アルキルとH₂Oとの反応から求めた相対速度は表2・2のように

表2・2 一次反応速度定数の比較

R-Br + H₂O ⟶ R-OH + HBr

R-Br	CH₃Br	CH₃CH₂Br	(CH₃)₂CHBr	(CH₃)₃CBr
相対速度	1	1	12	1.2×10^6

I 効 果

I効果とは，結合を介した置換基の影響の伝達様式のひとつであり，電気陰性度と密接な関係にある。ハロゲン原子のように電気陰性度が大きく結合を介して電子を引きつける基は，電子求引基 (electron-withdrawing group) と呼ばれる。これに対して，メチル基のC原子などは電気陰性度が小さく結合を介して電子を与えるため，電子供与基 (electron-donating group) と呼ばれる。

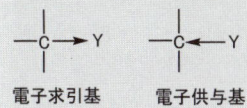

電子求引基　　電子供与基

超 共 役

σ結合の電子の一部が正電荷をもったC原子上の空のp軌道にわずかではあるが流れ込み，結果としてC原子上の正電荷がアルキル基上にまで非局在化され安定化する。このp軌道とσ結合の重なりを超共役と呼ぶ。したがって，アルキル基が増えるほど超共役できるC-Hσ結合が増えカルボカチオンは安定化する。

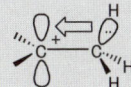

なり，I効果および超共役（hyperconjugation）から説明されるカチオンの安定性の順序，一級カチオン＜二級カチオン＜三級カチオン（図2·3）と

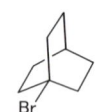

図2·3

反応速度の順序はよく一致する。特に三級臭化アルキルではきわめて反応が起こりやすいことがわかる。

S_N反応に及ぼす構造の効果として，興味深い例を紹介する。図2·4に示し

図2·4

たビシクロ化合物はハロゲン化アルキルであるにもかかわらず，ほとんどS_N反応は起こらない。その理由は，1）S_N2反応で要求される求核試薬の背面からの攻撃がかご状構造により立体的に妨害されている，2）S_N1反応で求められるカルボカチオンの平面構造を，非常に強固な骨格によりとることができないためである。

2・4・2 S_N反応における立体化学

光学活性なハロゲン化アルキルを用いて求核置換反応を行うと，立体配置の反転がよく理解できる。

まず，S_N2反応の例を見てみよう。以下に，2-ブロモオクタンの硫化水素イオン（HS$^-$）との反応による2-オクタンチオールへの変換を示した。光学的に純粋なR-体の臭化物からエナンチオマーのS-体のみが得られ，R-体の2-オクタンチオールは全く生成しない（式2-4）。

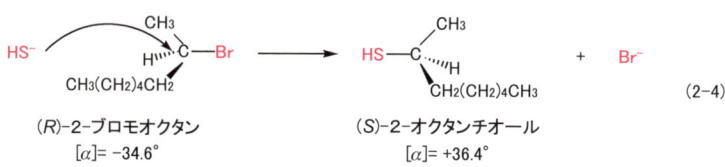

また，反応としては少々複雑になるが，S_N2反応が中心炭素上での立体化学の反転を伴うことを明らかにした興味深い実験例を紹介しよう。式(2-5)

R, S表示

R, S表示：不斉炭素（4つの異なる原子または原子団が結合した炭素）の4つの置換基に順位をつけ，最も下位の置換基を目から最も遠ざけた位置に置き，残りの3つの置換基を最も上位なものから2番目，3番目とたどっていったとき，右回りならR，左回りならSと表示する。順位は，不斉炭素に直接結合している原子どうしを比較して，原子番号の大きい方が小さい方よりも優先とする。また，非共有電子対は原子番号0とみなし，同位体は質量数の大きい方を優先とする。

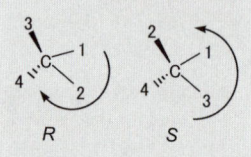

エナンチオマー

不斉炭素をもつ化合物では，化合物Aと化合物Bは，互いに鏡像関係にあって互いに重ね合わせることはできない。このような異性体を鏡像異性体またはエナンチオマーと呼ぶ。

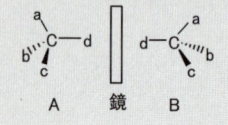

$$\text{(S)-1-フェニル-2-プロパノール} \xrightarrow{\text{Ts-Cl}} \text{トシラート} + \text{HCl} \quad (2\text{-}5)$$

$[\alpha] = +33.2°$ に対し、生成物 $[\alpha] = +31.1°$

は，S-体の1-フェニル-2-プロパノールと塩化 p-トルエンスルホニル（TsCl）との反応によるトシラートの生成である．この反応は OH のトシル化（tosylation）であり不斉炭素上では起こらないので，立体配置は保持（retention）されたままである．式 (2-6) は，アセタートイオン（acetate ion）

$$CH_3CO_2^-K^+ + \text{トシラート} \xrightarrow{S_N2} \text{酢酸エステル} + K^+{}^-OTs \quad (2\text{-}6)$$

生成物 $[\alpha] = -7.06°$

のトシラートへの求核反応であり，この段階は不斉炭素上での S_N2 反応である．式 (2-7) は，酢酸エステルの加水分解であり，カルボニル炭素上の反

$$K^+OH + \text{酢酸エステル} \longrightarrow (R)\text{-1-フェニル-2-プロパノール} + CH_3CO_2^-K^+ \quad (2\text{-}7)$$

$[\alpha] = -33.2°$

応であるため不斉炭素上でのキラリティーに変化は起こらない．以上の一連の反応を経て合成された 1-フェニル-2-プロパノールは R-体であり，出発原料とは比旋光度 $[\alpha]$ の符号が逆転したエナンチオマーが得られる．したがって，この立体配置の反転はアセタートイオンとトシラートとの置換反応の際に起こっていることが実験結果からわかった．また，速度論的な検討から，式 (2-6) の段階が S_N2 反応であることも明らかにされた．

次に，S_N1 反応の例を見てみよう．この反応では，カルボカチオン中間体の構造から反応の立体化学を予想することができる．カルボカチオンは結合電子間の反発を最小にするために，正の電荷をもった炭素は sp^2 混成軌道の平面構造をとる．したがって，H_2O の攻撃は面の左側と右側から同等に起こる．例として，(R)-3-ブロモ-3-メチルヘキサンの加水分解を示した．a-側からの攻撃で S-体が50％，b-側からの攻撃で R-体が50％生成し，結果としてラセミ体が得られる（式 2-8）．

このように書くと，S_N1 反応では必ずラセミ体が得られるように錯覚してしまう．実はこの反応はかなり複雑である．S-体の臭化 1-フェニルエチルのメタノリシス（methanolysis）の例をとって説明しよう．臭化物イオンの脱

ラセミ体

R-体と S-体の 1:1 混合物をラセミ体と呼ぶ．

メタノリシス

メタノール中で行われる加溶媒分解をメタノリシスと呼ぶ．

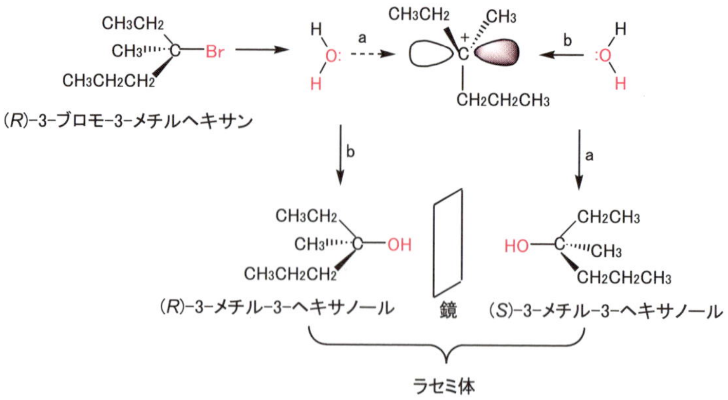

離によりカルボカチオン中間体が生成する（式2-9）。この切断が起こった瞬間はカチオンのまわりには臭化物イオンと溶媒のメタノールが存在し，非対称に溶媒和されたイオン対を形成していると推定される。この状態からメタノールの求核的な攻撃が起こった場合，R-体が生成することになる。また，もしカチオン中間体が比較的安定な場合（このカチオンはI-効果とR-効果により安定化されている），Br^-が多量に存在する溶媒メタノールと置き換わることが十分可能であり，対称に溶媒和されたイオンとなる。この状態からはS-体とR-体が1:1で生成しラセミ体となる。このように，対称に溶媒和されたイオンが形成されるような条件の時のみ完全にラセミ体が生成するのである。

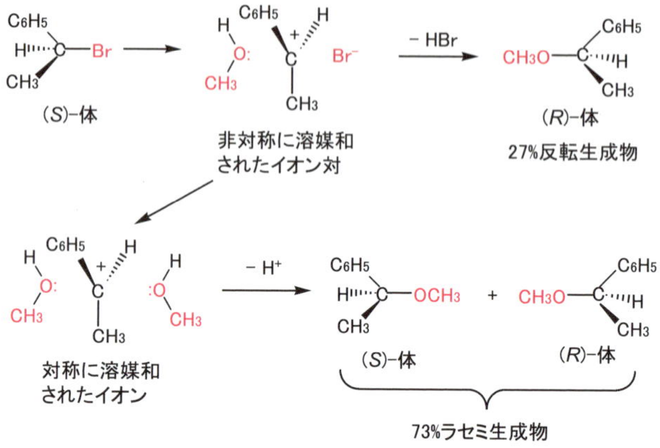

2・4・3 脱離基Lの影響

脱離基Lの脱離のしやすさは，S_N反応の反応速度に大きく影響を及ぼす。ハロゲン原子の場合，以下の順で脱離能は大きくなる。

$$F < Cl < Br < I$$

なぜなら，上記の順に原子半径は大きくなり，同じ一価のアニオンが生じ

た場合，I^- の方が F^- よりもアニオンが原子全体に広く分布することになりアニオンとして安定だからである。この順序はハロゲン化水素の酸の強さの順序 HF < HCl < HBr < HI と同じであり，最も強い酸（ここではHI）の共役塩基（conjugate base; I^-）が最も脱離能の大きな脱離基である。したがって，S_N1 と S_N2 反応のいずれにおいても以下の順で反応速度が速くなる。

$$\text{R-F} < \text{R-Cl} < \text{R-Br} < \text{R-I}$$

ハロゲン以外の脱離基として，メトキシ基（methoxy group），アセトキシ基（acetoxy group），メタンスルホネート基（methanesulfonate group）などが知られているが，共役塩基であるアニオンが共鳴効果により安定化されるアニオンほどよい脱離基となる。

$$CH_3O^- < CH_3CO_2^- < CH_3SO_3^-$$

> **共役酸塩基対**
>
> プロトンの授受により相互に変わりうる一組の酸塩基対を共役酸塩基対（conjugate acid-base pair）という。一例を以下に示す。
>
> H_2SO_4 + H_2O ⇌
> 酸　　　塩基
>
> H_3O^+ + HSO_4^-
> 共役酸　共役塩基

2・4・4　溶媒の影響

S_N1 反応は，用いる溶媒の種類によって反応速度が大きく変化する。S_N1 反応では，律速段階でC-L結合の不均一開裂（heterolytic cleavage）が起こりカルボカチオン中間体 C^+ とアニオン L^- が生じる。溶媒を非プロトン性極性溶媒（aprotic polar solvent）からプロトン性極性溶媒（protic polar solvent）に換えたとき，加速効果は特に顕著になる。これはアニオン L^- がプロトン性溶媒と水素結合を形成することにより安定化されるためである。一例として，2-ブロモ-2-メチルプロパンの加水分解は，アセトン：水（9：1）混合溶媒中よりも純粋な水中のほうが 4×10^5 倍加速されることが知られている（式2-10）。

> **プロトン性極性溶媒，非プロトン性極性溶媒**
>
> 双極子モーメントをもつ分子からなる溶媒で，大きな誘電率をもつ溶媒を，極性溶媒という。さらに，極性溶媒は，プロトンを供与する能力の高いプロトン性極性溶媒と，プロトンを供与する能力の低い非プロトン性溶媒に分類される。
> プロトン性極性溶媒：水，メタノール，酢酸，N-メチルホルムアミドなど
> 非プロトン性極性溶媒：アセトン，ジメチルホルムアミド（DMF），ジメチルスルホキシド（DMSO）など

$$
\begin{array}{l}
(CH_3)_3C\text{-Br} \xrightarrow{\text{アセトン：水 (90:10)}} (CH_3)_3C\text{-OH} + HBr \quad\quad 1 \\
(CH_3)_3C\text{-Br} \xrightarrow{100\%\text{水}} (CH_3)_3C\text{-OH} + HBr \quad\quad 4 \times 10^5
\end{array}
\quad\quad (2\text{-}10)
$$

相対速度

これに対して，S_N2 反応では遷移状態において電荷は分離せずにむしろ分散しているため，基質の反応性に対する溶媒効果はあまり重要ではない。むしろ求核試薬の求核性が，後述するように，溶媒の極性によって劇的に変化することがわかっている。

2・4・5　求核試薬の影響

S_N2 反応では，求核試薬の求核性が大きいほど反応は加速される。求核性が大きいということは，電荷が集中していることを意味するので，ハロゲン化物イオンの中ではフッ化物イオン F^- が最も反応性が高いと思われる。

$$I^- < Br^- < Cl^- < F^-$$

確かに，非プロトン性極性溶媒中ではこの関係が成り立つが，求核置換反応で一般的に用いられるプロトン性極性溶媒中ではこの順序は逆転し，ヨウ化物イオンが最も高い求核性を示し，反応を加速する。

$$F^- < Cl^- < Br^- < I^-$$

なぜなら，F^-のような小さなアニオンはI^-のような大きなアニオンに比べ電荷密度がより高いため，より多くの溶媒によって強固に溶媒和され，結果として求核性が減少するためである（図2・5）。

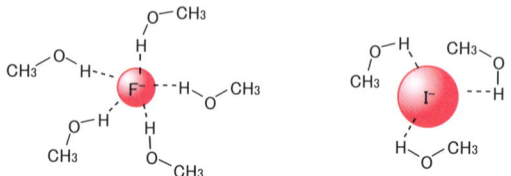

図2・5 メタノールによるアニオンの溶媒和

以上のように，S_N1とS_N2反応の反応の起こりやすさを決定する要因は，非常に複雑であることが理解できたと思う。

S_N1反応は三級ハロゲン化アルキル，脱離性の高い脱離基，求核性の低い求核試薬およびプロトン性極性溶媒の条件で優先的に起こる。一方，S_N2反応は一級のハロゲン化アルキル，脱離性の高い脱離基，求核性の高い求核試薬および非プロトン性極性溶媒の条件で優先的に起こる。

2・5 S_N1反応と隣接基関与−非古典的カルボカチオン

エリトロ体

2個の不斉炭素からなるジアステレオマーの相対位置を表す用語。一対の同一置換基が同じ側に配置されているものをエリトロ体（erythro form）と呼び，反対側に配置されているものをトレオ体（threo form）と呼ぶ。

これまで，S_N1反応では立体を保持した生成物と立体が反転した生成物の1：1混合物が得られることを示した。ここでは，S_N1反応であるにもかかわらず立体配置が保持される例を紹介しよう。光学活性なL-エリトロ-3-フェニル-2-ブチルトルエンスルホナートを加水分解すると，生成物はL-エリトロ体のアセタートのみが得られ，D-エリトロ体は得られない（式2-11）。スルホナートのアセタートイオンによる置換は立体保持で進行したことになる。この結果はこれまでに述べてきたカルボカチオン中間体では説明できない。この反応の中間体は隣接するフェニル基が関与したフェノニウム

イオン（phenonium ion）であり，共鳴によりカルボカチオン中間体よりはるかに安定なカチオンを形成し，これに酢酸が反応したものと思われる。このように，分子内のカルボカチオンと隣接するn-電子，π-電子，σ-電子がこれと相互作用しさらに安定なカチオンを形成し，反応速度や位置および立体選択性に大きな影響を及ぼすとき，これを隣接基関与（neighboring-group participation）という。また，カチオン中間体は非古典的カルボカチオン（nonclassical carbocation）と呼ばれる。

(2-11)

2・6　S$_N$i反応

　S$_N$2反応では，前述したように立体配置の反転が起こることが知られている。ここで紹介するS$_N$i反応は2分子反応ではあるが立体配置が保持（retention）される例である。S$_N$i反応とは，"置換反応"（Substitution）で"求核的"（Nucleophilic）で，"分子内の"（internal）反応であることを意味している。代表例として，アルコールと塩化チオニルSOCl$_2$との反応がある。この反応の反応速度を測定すると，アルコールと塩化チオニルの濃度の積に比例し，二次反応であることがわかった。

$$v = k[\text{R-OH}][\text{SOCl}_2]$$

　この反応がS$_N$2反応と大きく違う点は，式(2-12)に示したように，構造的要請により求核試薬の攻撃と脱離基の脱離が分子内の同じ側で起こるため，立体が保持される。

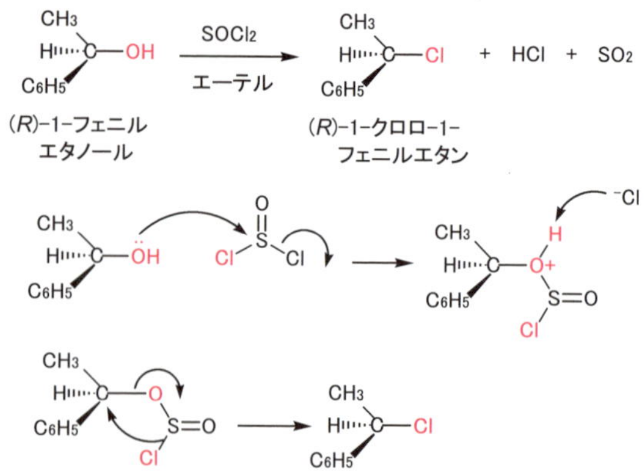
SOCl2
エーテル
(R)-1-フェニルエタノール
(R)-1-クロロ-1-フェニルエタン
+ HCl + SO2

(2-12)

2・7 見かけ上立体保持（2回の立体反転）の反応

S_N2反応では，立体配置の反転が起こるが，式（2-13）の1,2-クロロヒドリンの塩基加水分解のように，一連の反応で2回の立体配置の反転が起こり，見かけ上，立体保持となる反応もある。まず，塩基HO^-により水素が引き抜かれ，生じたアルコキシドイオンがC-Cl結合の背面から攻撃し1回目の立体反転が起こりオキシラン（oxirane）が生成する。このオキシラン中間体は，多くの場合単離可能である。さらにこのオキシランのC-O結合の背面からHO^-が攻撃し2回目の立体反転が起こり，結果として立体保持のアルコールが得られる。

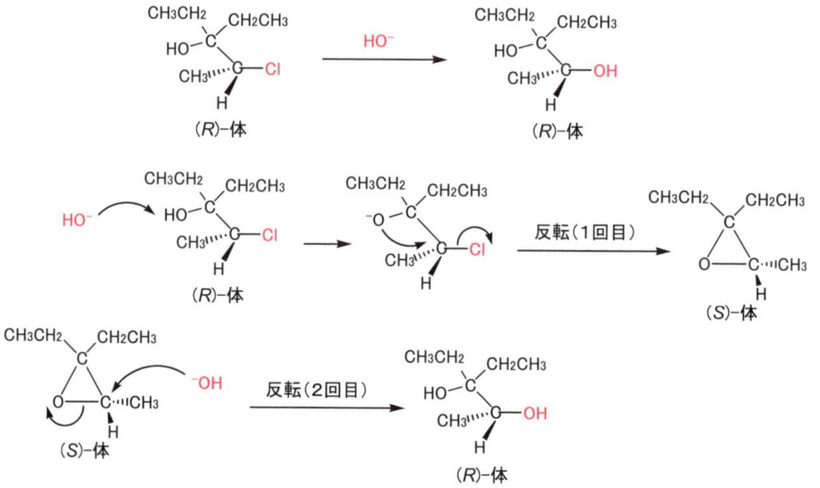
(R)-体
(R)-体
反転（1回目）
(S)-体
反転（2回目）
(S)-体
(R)-体

(2-13)

第2章 求核置換反応

章末問題

1. 次に示した S_N 反応のそれぞれについて生成物を記せ。

(a) CH_3CH_2I + NaOH $\longrightarrow$

(b) $CH_3\text{-}CH\text{-}CH_3$ + H_2O $\longrightarrow$
 　　　|
 　　Br

(c) $CH_3CH_2CH_2Br$ + NaCN $\longrightarrow$

(d) $CH_3\text{-}CH\text{-}CH_2CH_3$ + NaI $\longrightarrow$
 　　　|
 　　Br

(e) $CH_3CH_2CH_2CH_2Br$ + NH_3 $\longrightarrow$

(f) $(CH_3)_2NCH_2CH_2CH_2CH_2Cl$ $\longrightarrow$

(g) Ph-CH_2Cl + Ph-NH_2 $\longrightarrow$

(h) $CH_3CH_2CH_2Br$ + $CH_3COO^-Na^+$ $\longrightarrow$

(i) CH_3CH_2Cl + NaSH $\longrightarrow$

(j) $CH_3CH_2CH_2Br$ + Ph-S^-Na^+ $\longrightarrow$

(k) cyclopentyl-O-SO_2-C$_6$H$_4$-CH_3 + NaCN $\longrightarrow$

(l) $CH_3\text{-}CH\text{-}CH_3$ + NaSCN $\longrightarrow$
 　　　|
 　　Br

(m) $LiAlH_4$ + Ph-CH(Br)-CH_3 $\longrightarrow$

(n) $LiAlD_4$ + Ph-CH(Br)-CH_3 $\longrightarrow$

(o) CH_3Br + Ph-$CH_2O^-Na^+$ $\longrightarrow$

(p) $HOCH_2CH_2CH_2CH_2Cl$ + NaH $\longrightarrow$

(q) Ph-O^-Na^+ + $(CH_3)_2SO_4$ $\longrightarrow$

(r) CH_3-C≡CH $\xrightarrow{\text{Na}}$ $\xrightarrow{CH_3CH_2Br}$

(s) phthalimide-N^-K^+ + $CH_3CH_2CH_2Br$ $\longrightarrow$

解 答

(a) CH₃CH₂OH (b) CH₃–CH(OH)–CH₃ (c) CH₃CH₂CH₂CN (d) CH₃–CHI–CH₂CH₃

(e) CH₃CH₂CH₂CH₂NH₂

実際の実験では,さらにアルキル化が進行し,二級アミン,三級アミン,四級アンモニウム塩が生成してしまう。一級アミンを確実に合成する方法として,(s)に示したガブリエル合成(Gabriel synthesis)がある。

(f) N-メチルピロリジン環形成反応(CH₃-N(CH₃)-CH₂-Cl → N⁺(CH₃)₂環 Cl⁻)

(g) C₆H₅-CH₂-NH-C₆H₅

(h) CH₃-C(=O)-OCH₂CH₃

(i) CH₃CH₂SH

(j) CH₃CH₂CH₂-S-C₆H₅

(k) シクロペンチル-CN 　p-トルエンスルホニル基は,よい脱離基である。

(l) CH₃-CH(S-CN)-CH₃

(m) C₆H₅-CH(H)-CH₃ 　LiAlH₄では,ヒドリドイオン(H⁻)が求核試薬として働く。

(n) C₆H₅-CH(D)-CH₃

(o) C₆H₅-CH₂OCH₃ 　ウイリアムソンのエーテル合成(Williamson ether synthesis)

(p) テトラヒドロフラン生成(O⁻-CH₂-Cl → 環状エーテル) 水素化ナトリウムNaHは強塩基であり,OHから水素を引き抜く。生成したアニオンは分子内で炭素を求核攻撃し,環状化合物が生成する。

(q) C₆H₅-O⁻ + CH₃-O-SO₂-O-CH₃ → C₆H₅-OCH₃

(r) CH₃-C≡C-CH₂CH₃ 　アセチレンに金属Naを作用させると,水素が引き抜かれアセチリドが生成する。このアセチリドが求核試薬として働く。

(s) N-プロピルフタルイミド 　Gabrielのアミン合成では,N-プロピルフタルイミドにKOHを作用させ,一級アミンであるプロピルアミンを遊離させる。

フタルイミド + CH₃CH₂CH₂-Br → N-プロピルフタルイミド → CH₃CH₂CH₂NH₂

---

2. 以下に示した2種類の三級ハロゲン化アルキルでは,ほとんどSN反応が進行しない。理由を説明せよ。

1-ブロモビシクロ[2.2.1]ヘプタン　　　1-ブロモアダマンタン

解　答

S_N2 反応の見地から見ると，C-Br 結合の背面からの攻撃が，かご状構造により立体的に阻害される。また，S_N1 反応の見地から見た場合も，非常に強固な骨組みであるため，遷移状態で求められる平面構造をとることが不可能であるため。

3. 1-ブロモ-2-メチルプロパン，1-ブロモ-2,2-ジメチルプロパンとエトキシドイオンとの反応は，両方ともに一級のハロゲン化アルキルであるにもかかわらず，相対反応速度は10^4倍も異なる。この反応速度の違いを遷移状態から説明せよ。

$$\text{(CH}_3)_2\text{CH-CH}_2\text{-Br} + \text{CH}_3\text{CH}_2\text{O}^- \longrightarrow \text{(CH}_3)_2\text{CH-CH}_2\text{-O-CH}_2\text{-CH}_3 + \text{Br}^- \quad 1\times10^4$$

$$\text{(CH}_3)_3\text{C-CH}_2\text{-Br} + \text{CH}_3\text{CH}_2\text{O}^- \longrightarrow \text{(CH}_3)_3\text{C-CH}_2\text{-O-CH}_2\text{-CH}_3 + \text{Br}^- \quad 1$$

（相対速度）

解　答

1-ブロモ-2-メチルプロパンに由来する遷移状態（a）では，C-C 結合の回転により最も小さい置換基 H をエトキシドイオンが攻撃してくる方向に位置することにより，込み合いを緩和できる。

これに対し，1-ブロモ-2,2-ジメチルプロパンに由来する遷移状態（b）では，β-位の炭素上をいずれもメチル基が置換しているため，立体反発の緩和ができない。

4. (R)-1-フェニルエタノールと塩化チオニルとの反応をエーテル中で行うと，(R)-1-クロロ-1-フェニルエタンが得られることを式（2-12）で示した。これに対し，同じ反応をピリジン中で行った場合，立体配置が反転した(S)-1-クロロ-1-フェニルエタンが得られる。この反応性の違いを説明せよ。

(R)-1-フェニルエタノール $\xrightarrow{\text{SOCl}_2, \text{ピリジン}}$ (S)-1-クロロ-1-フェニルエタン + HCl + SO_2

解　答

ピリジンのような塩基存在下で反応を行うと，生成した HCl とピリジンが反応して生じる Cl^- が反応性の高い求核試薬として作用するため，立体配置が反転する。

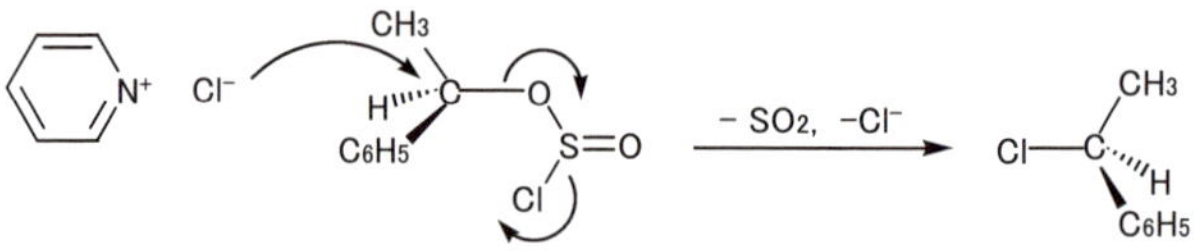

5. 同じ化合物に対して水酸化物イオンまたはアセタートイオンを反応させた際に，予想される生成物を記せ。

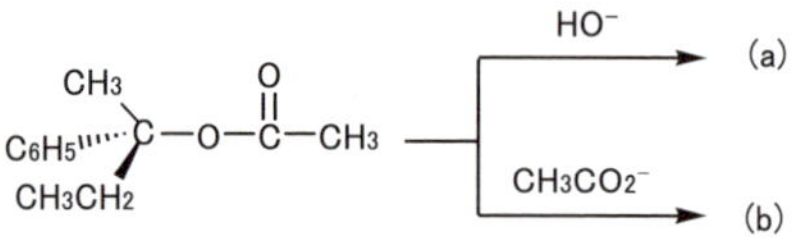

解 答

出発物質の構造上の特徴は，かなり嵩高い三級アルコールの O-アセチル体である。求核性の高い HO^- との反応の場合，三級アルコールがかなり嵩高いため，背面からの攻撃は起こりにくいと予想される。したがって，この反応の主生成物は HO^- がアセチルの炭素を攻撃した加水分解生成物である。

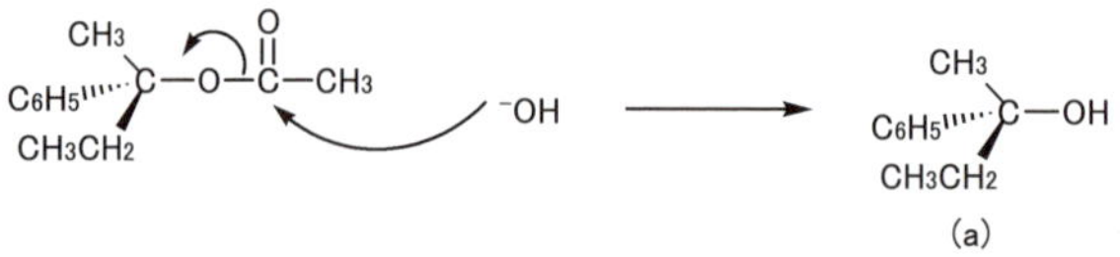

一方，$CH_3CO_2^-$ は共鳴により求核性の低い試薬であると同時に，$CH_3CO_2^-$ はよい脱離基である。したがって，まず脱離が起こりカルボカチオン中間体が生成し，この中間体の両面からアセタートイオンが攻撃し，ラセミ体が生成する。

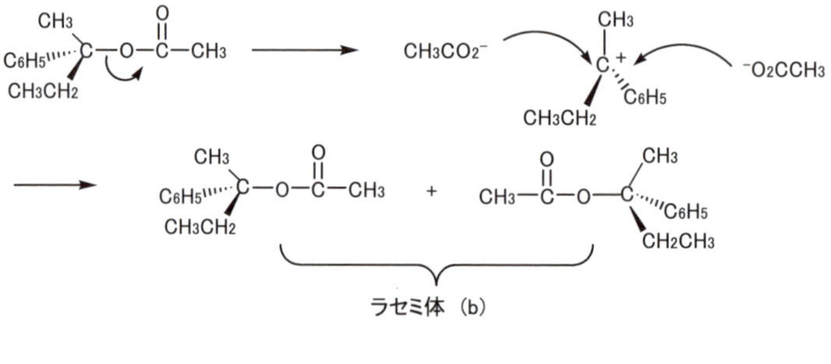

ラセミ体（b）

6. オキシラン（エポキシド）を酸性条件下 MeOH で処理すると 2-メトキシ-1-プロパノールが，CH_3ONa で処理すると 3-メトキシ-2-プロパノールが得られる。この反応性の違いを説明せよ。

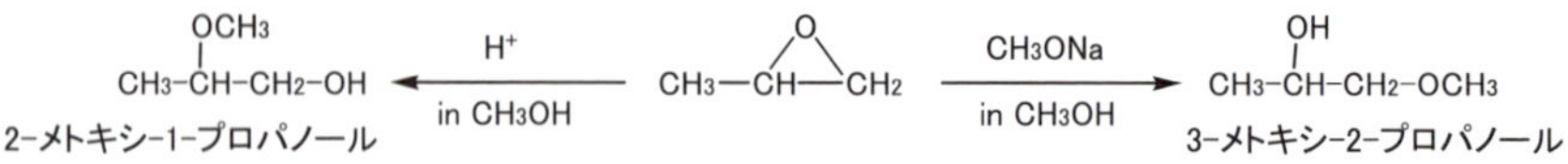

解 答

　酸性条件下で反応を行った場合は，酸素原子へのプロトン化と開環が起こる。したがって，生成するカルボカチオン中間体の安定性が問題となる。二級カチオンの方が一級カチオンより安定であり，この二級カチオンがCH₃OHの求核攻撃を受けると2-メトキシ-1-プロパノールが生成する。

　一方，CH₃ONaは求核性の高い試薬であり，より置換基の少ない(立体的により込み合っていない)炭素を攻撃し，3-メトキシ-2-プロパノールを与える。

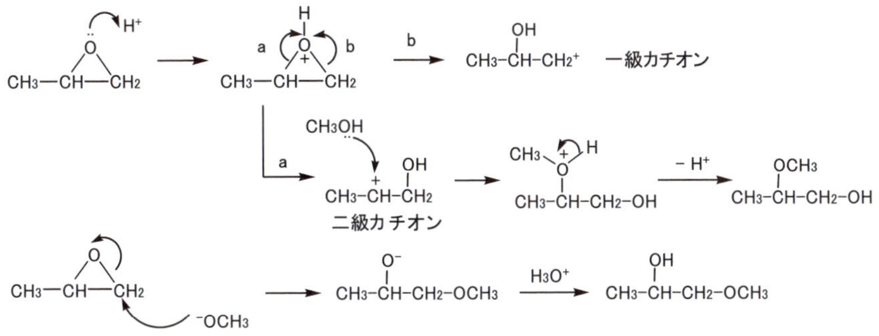

---

7. 以下の3つの反応について，それぞれの生成物と反応のメカニズムを記せ。

(1)  ベンゾフラン(2,3-ジヒドロ) + BBr₃ ⟶

(2)  CH₃-CHBr-COO⁻ ⟶ (a) ─KOH→ (b)

(3) C₆H₅COOH + ⁻CH₂-N₂⁺ ⟶

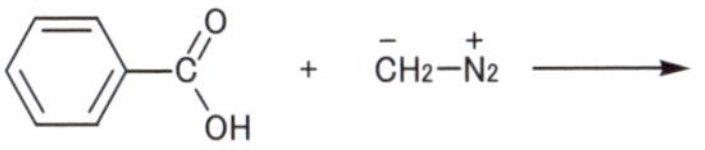

解 答

(1) 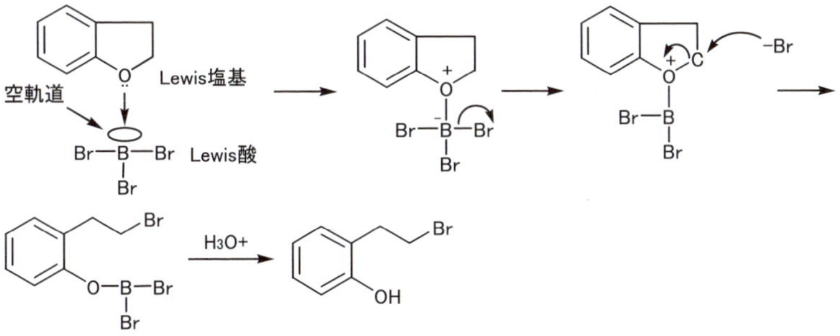 空軌道 / Lewis塩基 / Lewis酸 を経て、H₃O⁺で加水分解し、2-(2-ブロモエチル)フェノールが生成する。

(2) 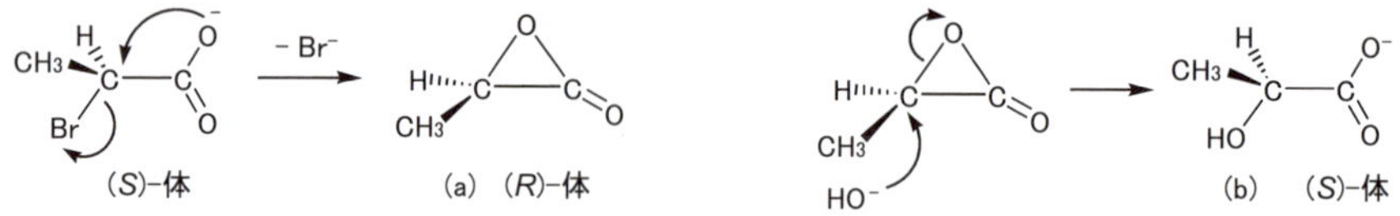 [反応式: (S)-体 CH₃CHBrCOO⁻ → -Br⁻ → (a) (R)-体 エポキシド → HO⁻ 攻撃 → (b) (S)-体 CH₃CH(OH)COO⁻]

出発物質から(a)が生成する反応では，立体配置の反転が起こる。また，(a)から最終生成物(b)が生成する際にも，立体配置の反転が起こる。このように，2回の反転が起こるため，(b)の絶対配置は出発物質と同じ立体配置（全体として立体保持）となる。

(3) 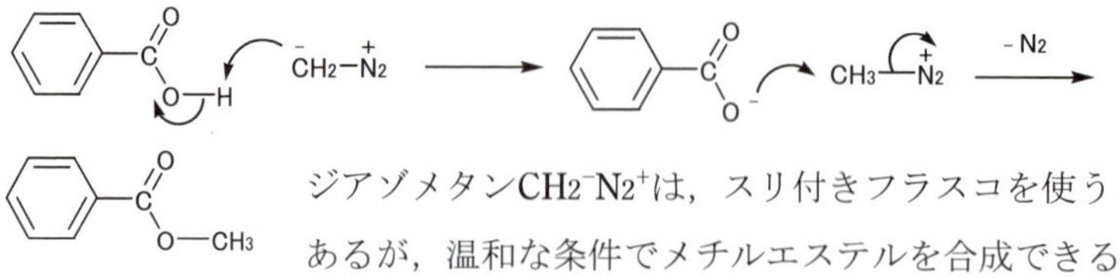 [反応式: 安息香酸 + CH₂=N₂⁺⁻ → 安息香酸アニオン + CH₃-N₂⁺ → -N₂ → 安息香酸メチル]

ジアゾメタン $CH_2^-N_2^+$ は，スリ付きフラスコを使うと爆発する危険性があるが，温和な条件でメチルエステルを合成できるため汎用される。

---

8. 3-ブロモシクロヘキサンカルボン酸Na塩の *trans*-体は，分子内環化反応によりラクトンを生成するが，*cis*-体は全く反応しない。立体化学を考慮しながら反応性の違いを説明せよ。

[構造式: trans-体 → ラクトン生成，cis-体 → no reaction]

解 答

1,3-位に置換基をもつシクロヘキサンでは，1位の置換基がエクアトリアル，3位の置換基がアキシアルの場合を *trans*，1位と3位の置換基がともにエクアトリアルの場合を *cis* と呼ぶ。

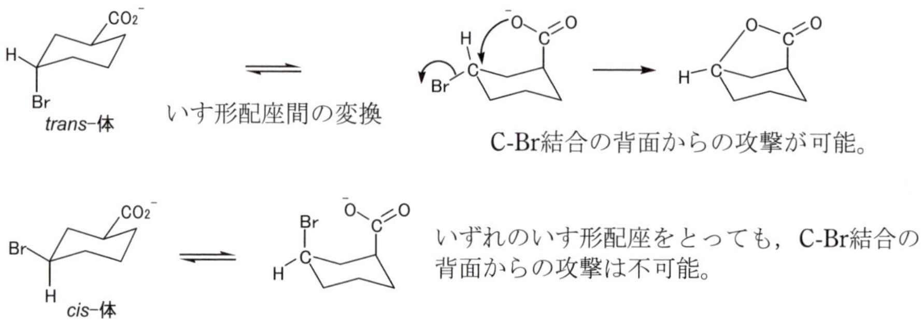

[構造式: trans-体 ⇌ いす形配座間の変換 → C-Br結合の背面からの攻撃が可能。→ ラクトン]

[構造式: cis-体 ⇌ いずれのいす形配座をとっても，C-Br結合の背面からの攻撃は不可能。]

9. 3-ブロモ-2-フェニルペンタンを水溶液中で加熱すると，出発物質の立体が保持された2種類のアルコールが得られる。この反応のメカニズムを記せ。

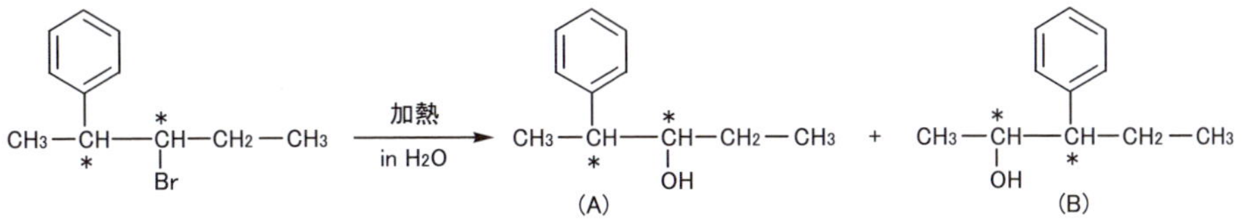

解 答

臭素の脱離によりカルボカチオン中間体が生成するが，隣接するフェニル基の関与により，非古典的カルボカチオンであるフェノニウムイオンとなる。このカチオンを水分子が攻撃するため立体が保持され，しかも2種類のアルコールが生成する。

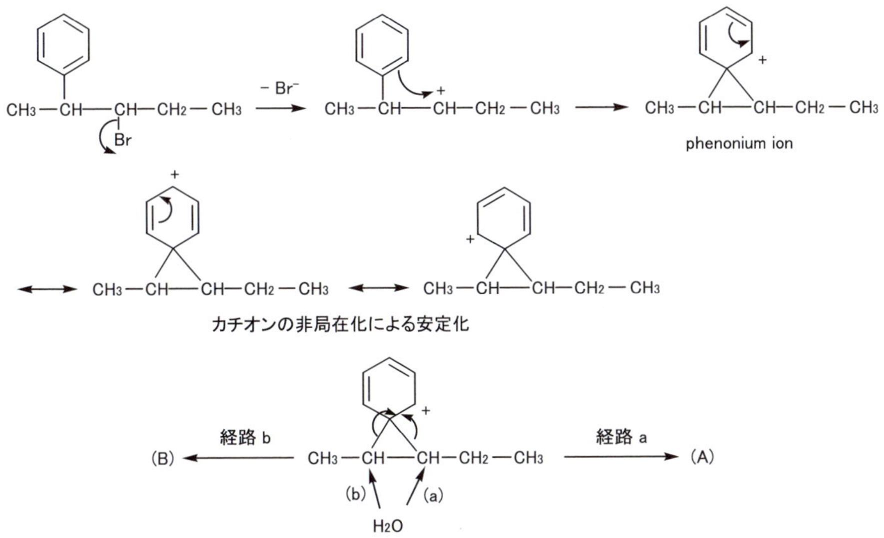

3 求電子置換反応

求電子置換反応は，求核置換反応と同じくその反応メカニズムが最も深く研究された反応であるだけでなく，ベンゼンに代表される多種多様な芳香族化合物の合成に幅広く利用されている反応である。この章では，求電子置換反応のメカニズムをわかりやすく解説する。

3・1 求電子置換反応

代表的な求電子置換反応（electrophilic substitution reaction）を一般式を用いて考えてみよう。ベンゼンは6個の π-電子が環の上下を自由に動き回っている電子豊富な化合物である（図3・1）。したがって，求電子試薬

> **π-電子**
>
> エチレンやベンゼンなどの二重結合をもつ分子において，その1つの結合を形成する電子。二重結合は，π-電子とσ-電子からできている。

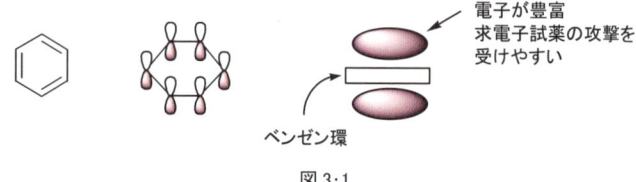

図3・1

（electrophile）の攻撃を受けやすい。一般的に求電子試薬は英語の頭文字をとってE^+と略す。ベンゼンと求電子試薬が反応し，アレニウムイオン中間体が生成する（過程1）。この中間体は σ-錯体（σ-complex）あるいはウェランド中間体（Wheland intermediate）とも呼ばれる。この中間体は，式(3-1)のような共鳴構造により生成したカチオンを分子全体に非局在化するこ

3 求電子置換反応

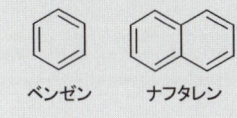

(3・1)

とができる。次の段階は，中間体からのプロトン脱離によるベンゼンの生成（過程2）であるが，この過程はプロトンを放出することにより6π電子系になるため起こりやすい（図3・2）。この一連の反応が終了すると，ベン

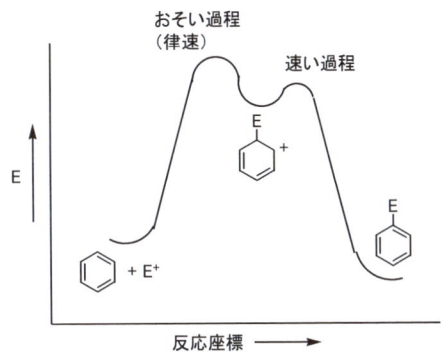

図3・2　ベンゼンの求電子置換反応におけるエネルギー状態図

ゼン環のH原子が求電子試薬Eにより置換される。過程1と過程2のどちらが律速段階（rate-determining step）であるかは，同位体効果（isotope effect）実験から明らかにされた。ベンゼンC_6H_6とベンゼンの6個の水素を重水素に換えた重ベンゼンC_6D_6を用いて求電子置換反応を行った。C-Dの結合エネルギーはC-Hのそれより大きいので，もしC-H結合の開裂を伴う過程2が律速であるならばk_H/k_Dは1.0よりかなり大きくなるはずである。実際の実験結果が1.0であったことから，この反応の律速段階は過程1であることがわかった。

次に，代表的なベンゼン環上での求電子置換反応をみていこう。

6π電子系

$(4n+2)$個のπ-電子（nは整数）をもつ系は，π-電子の非局在化により特別な芳香族安定性をもつ。例えば，ベンゼンは，6π電子系（n=1），ナフタレンは10π電子系（n=2）をとる。

ベンゼン　　ナフタレン

同位体効果

分子中のある原子を同位体（原子番号が同じで，質量数が異なるもの）で置換したとき，物理的，化学的挙動に差が生じること。ここでは，C-HとC-Dの結合の強さの違いにより，反応速度に違いがあるかを実験により調べている。

3・2　ニトロ化反応（Nitration）

ベンゼンのニトロ化は，混酸（濃硝酸と濃硫酸の混合物）を用いて行われる。この反応の反応種（reaction species）は硝酸からの脱水により生成したニトロニウムイオン（nitronium ion）であり，式 (3-2) に示したような反応メカニズムで進行する。

$$HO-NO_2 \rightleftharpoons {}^+HO-NO_2 \rightleftharpoons {}^+NO_2 + H_2O$$

ニトロニウムイオン

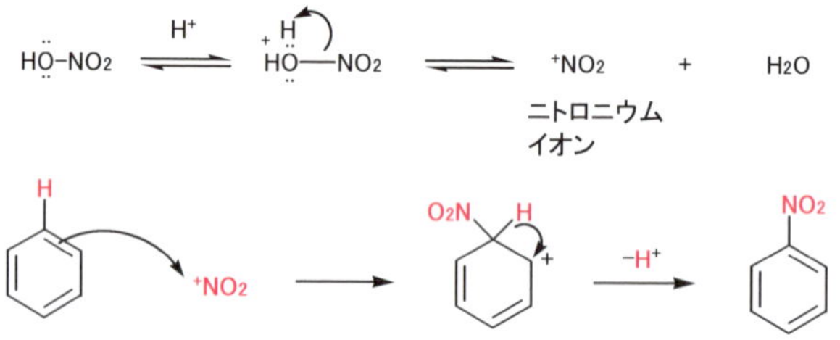

(3-2)

3・3　スルホン化反応（Sulfonation）

発煙硫酸

濃硫酸（97-98% H_2SO_4）に多量の三酸化イオウ SO_3 を吸収させたもの。

ベンゼンのスルホン化は，濃硫酸または発煙硫酸を用いて行われる。この反応の反応種は三酸化イオウであると考えられている。式 (3-3) に示したような反応メカニズムで進行する。

$$2\,H_2SO_4 \rightleftharpoons SO_3 + H_3O^+ + HSO_4^-$$

三酸化イオウ

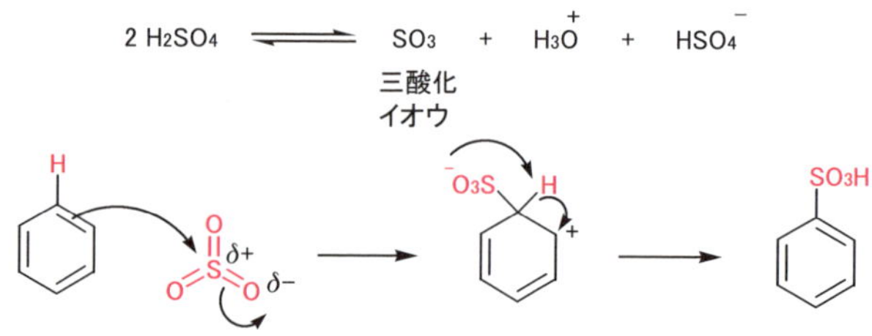

(3-3)

3・4 ハロゲン化反応 (Halogenation)

　ベンゼンの臭素化反応を例に説明しよう。ベンゼンの臭素化は，触媒として臭化第二鉄の存在下，臭素を作用させることにより行われる。この反応の第1段階は臭素が Lewis 酸触媒である臭化第二鉄に配位し，結果として臭素分子を分極させる。第2段階は，この錯体が求電子試薬として働き，臭素イオン Br^+ をベンゼン環に与え，アレニウムイオンと $FeBr_4^-$ を生成する。そして第3段階は，アレニウムイオン中間体からプロトンが $FeBr_4^-$ に移動し，ブロモベンゼンと臭化水素が生成し，同時に $FeBr_3$ が再生される（式3-4）。Lewis 酸触媒としては，この他に $FeCl_3$，$AlCl_3$ などがよく用いられる。

> **Lewis酸**
>
> 酸・塩基の定義の1つ。Lewis 酸とは，少なくとも1つの電子対を受け取ることができる空軌道をもった物質，すなわち電子対受容体である。Lewis 塩基とは，共有されていない少なくとも1つの電子対を供与できる物質，すなわち電子供与体である。

$$(3-4)$$

3・5 フリーデル-クラフツ反応 (Friedel-Crafts reaction)

　ベンゼン環へのアルキル基やアシル基の導入法として最もよく知られている Friedel-Crafts 反応について説明しよう。

3・5・1 Friedel-Crafts のアルキル化反応
　ベンゼンとハロゲン化アルキルを混合しても反応は起こらない。これは，ハロゲン化アルキルはそれ自身分極しているが，弱いためである。ところが，

この反応系にAlCl₃のようなLewis酸を加えると分極が促進され，極限構造で示したようなアルキルカチオンが生成する。このカチオンが求電子試薬として働き，アレニウムイオン中間体を経て，アルキルベンゼンが生成する（式3-5）。Lewis酸触媒としては他にFeCl₃, BF₃, TiCl₃, ZnCl₂, SnCl₄ などが使用される。

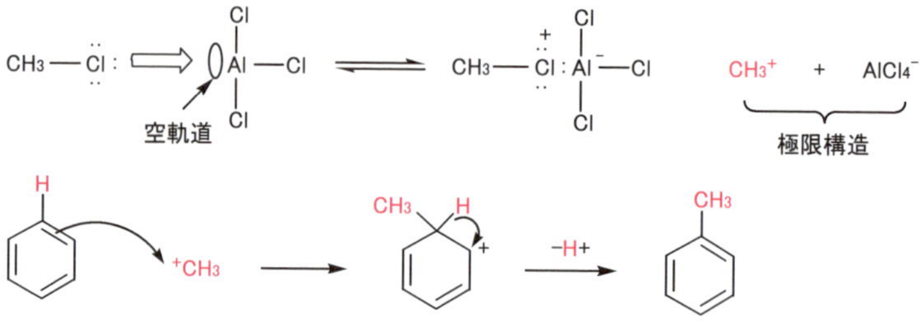

(3-5)

この反応では，一見いろいろな直鎖アルキル基がベンゼン環に導入できそうにみえる。しかしながら，反応種がアルキルカチオンに近いため，カチオンの安定性が生成物に強く反映される。例えば，ベンゼンと塩化プロピルをAlCl₃存在下で反応させると，プロピルベンゼンは30％しか得られず，イソプロピルベンゼンが70％の収率で主生成物として得られる（式3-6）。これは生成するカチオンは一級カチオンであるが，ヒドリドイオンH⁻が転位することにより，より安定な二級カチオンが生成する。このカチオンが求電子試薬として働くため，イソプロピルベンゼンが主に生成する。鎖状のアルキル基が置換したベンゼン誘導体の一般合成法は後述する。

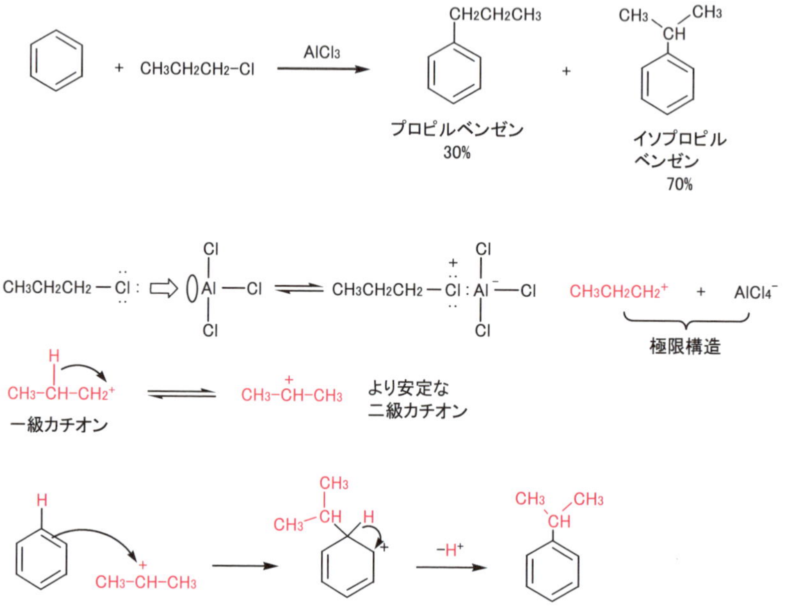

(3-6)

3・5・2 Friedel-Crafts のアシル化反応

酸ハロゲン化物とベンゼンを AlCl₃ のような Lewis 酸存在下で反応を行うと，ベンゼンにアシル基が導入された化合物が得られる。この反応の反応種はアシルカチオン（acyl cation）であり，これが求電子試薬として働き，アレニウムイオン中間体を経てアシルベンゼンが生成する（式3-7）。

> **酸ハロゲン化物**
> カルボン酸（RCOOH）の水酸基をハロゲン原子で置換した化合物の総称。酸フッ化物RCOF，酸塩化物RCOCl，酸臭化物RCOBr，酸ヨウ化物RCOIの4種類がある。

（式 3-7）

極限構造

> **アシル基**
> 一般式RCO-で表される置換基。ホルミル基（R=H），アセチル基（R=CH₃）ベンゾイル基（R=C₆H₅）などがよく知られている。

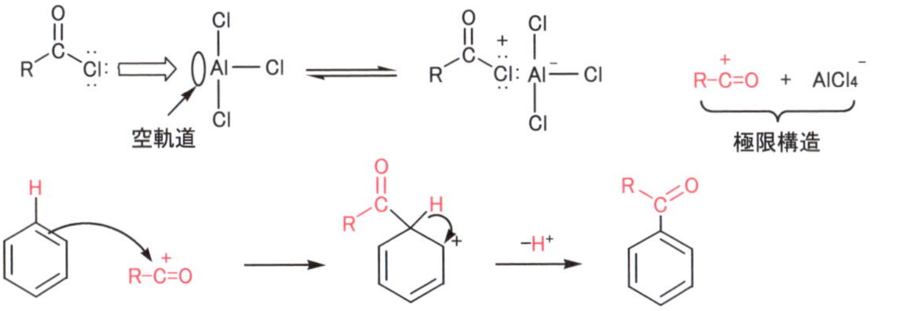

前述した直鎖状のアルキル基が置換したベンゼンの合成は，このアシル化反応を利用して行われる。まず，塩化プロピオニルとベンゼンを AlCl₃ 存在下で反応させ，プロピオフェノンを合成する。続いてクレメンゼン還元（Clemmensen reduction）などの方法を用いてカルボニル基を還元するとプロピルベンゼンが得られる（式3-8）。

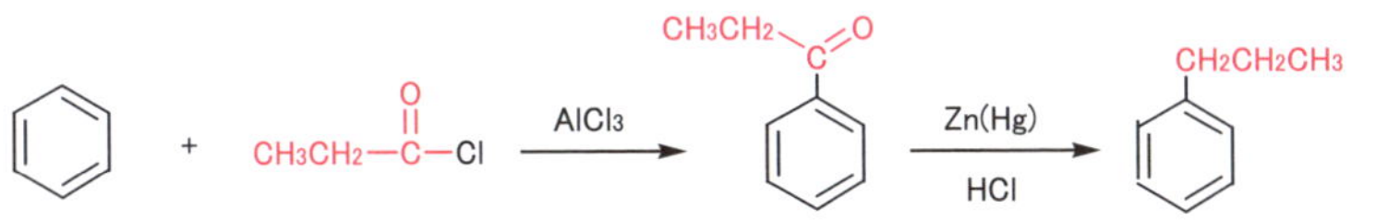

（式 3-8）

3・6 一置換ベンゼンの求電子置換反応

一置換ベンゼンの求電子置換反応では，置換基の位置により，オルト（ortho; *o*-），メタ（meta; *m*-），パラ（para; *p*-）の3種類の異性体が存在することになる（図3・3）。ベンゼン環のどの位置を求電子試薬が攻撃するかは置換基Xの電子効果によって決まる。このような性質は配向性（orientation）と呼ばれ，一般的には*o-/p*-配向性と*m*-配向性に分類される。また，反応速度の見地からベンゼンよりも求電子置換反応の速度が速くなるような置換基は，活性化置換基（activating substituent）と呼ばれ，逆に反応速度がベンゼンよりも遅くなるような置換基は不活性置換基（inactivating substituent）と呼ばれる。

> **活性化置換基**
> 活性化基とも呼ぶ。ベンゼンの求電子置換反応では，ベンゼンよりも反応速度を速くするような置換基を活性化置換基と呼び，逆に遅くするような置換基を不活性置換基と呼ぶ。

図3·3 二置換ベンゼンの3つの異性体

3・6・1 *m*-配向性置換基

X = NO$_2$, N$^+$R$_3$, CCl$_3$, CHO, CO$_2$H, SO$_3$H, CN

　置換基Xはいずれも電子求引基であり，ベンゼン環の炭素の隣に陽性に帯電するか陽性に分極した原子をもっているのが特徴である。それでは，なぜ電子求引基が置換したベンゼンは *m*- 配向性になるのだろうか。それは中間体の安定性によって決まる。もし，*m*-攻撃によって生成した中間体が o-/p- 攻撃によって生成した中間体よりも安定であれば *m*-配向となる。ニトロベンゼンと求電子試薬E$^+$との反応を例に，具体的に考えてみよう。
　図3·4には，求電子試薬がオルト，メタ，パラ攻撃した場合に生成する中間体の共鳴構造（resonance structure）を示した。いずれの位置を攻撃した場合にも3個の共鳴構造がかけ，一見中間体の安定性に差はないように見える。しかし，共鳴構造（j）と（k）ではカチオン同士の反発があるため，これら共鳴構造におけるカチオンの非局在化（delocalization）への寄与は小さい。したがって，*m*-攻撃により生成するカチオンは o-/p-攻撃により生成するカチオンにくらべ，カチオンが分子全体に非局在化されるためにより安定である。このことは，求電子試薬の *m*- 攻撃が起こりやすいことを意味しており，結果として *m*- 配向したベンゼン誘導体が優先的に生成することになる。

共鳴構造

1つの分子の構造が，ただ1つの構造式で表すことができず，2つ以上の構造式の重ね合わせで表現される場合，それぞれを共鳴構造と呼ぶ。

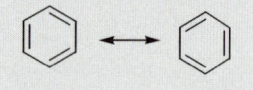

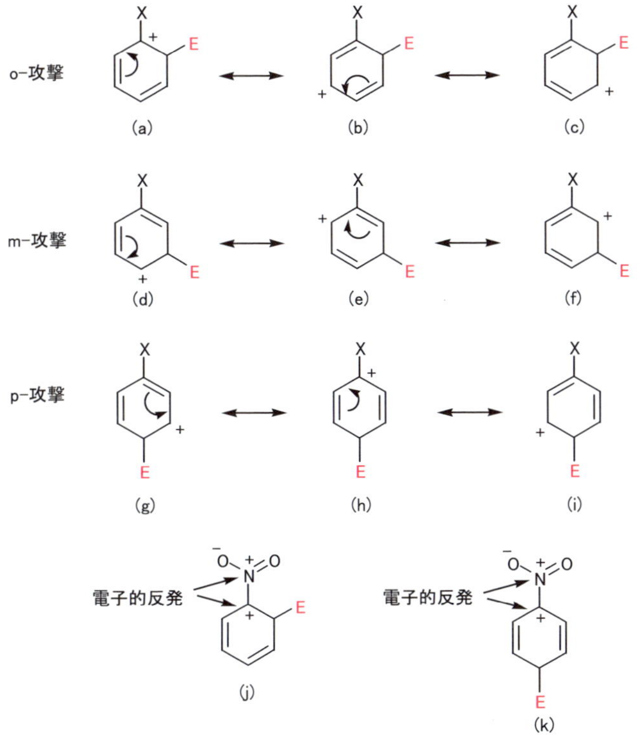

図 3·4

3·6·2 o-/p-配向性置換基

X = OH, OR, NH$_2$, NR$_2$, O-COR, NH-COR

　置換基Xはいずれもベンゼン環の炭素に直結した原子上に非共有電子対をもっているのが特徴である。これらが置換したベンゼンは，いずれもo-/p-配向性となる。アニソールと求電子試薬E$^+$との反応を例に考えてみよう。先の議論ではo-攻撃により生成した中間体とp-攻撃により生成した中間体において電子的反発による非局在化への寄与の減少がみられたが，ここでは逆に，図3·5に示したようなメトキシ基の酸素の非共有電子対を介し

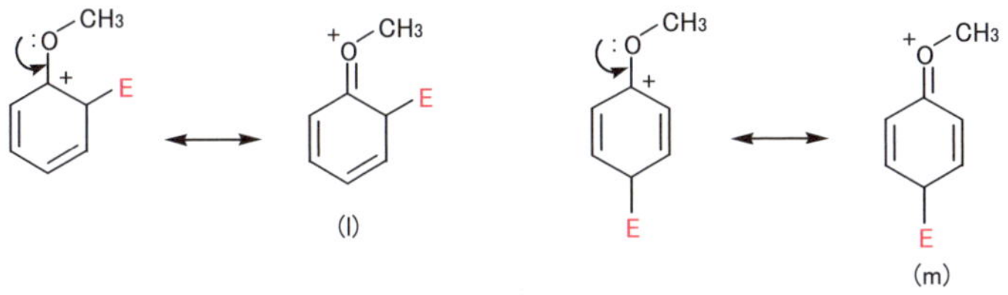

図 3·5

た4番目の共鳴構造 (l) および (m) の寄与がある。これにより中間体のカチオンは，*m*-攻撃により生成したカチオンよりもはるかにカチオンを分子全体に効果的に非局在化することができるため安定であり，その結果として，*o*-/*p*-配向したベンゼン誘導体を与える。

X = アルキル基

トルエンと求電子試薬 E^+ との反応を例に考えてみよう。アルキル基は，電子供与性の置換基であるため，図3·6に示したように，I-効果により生成

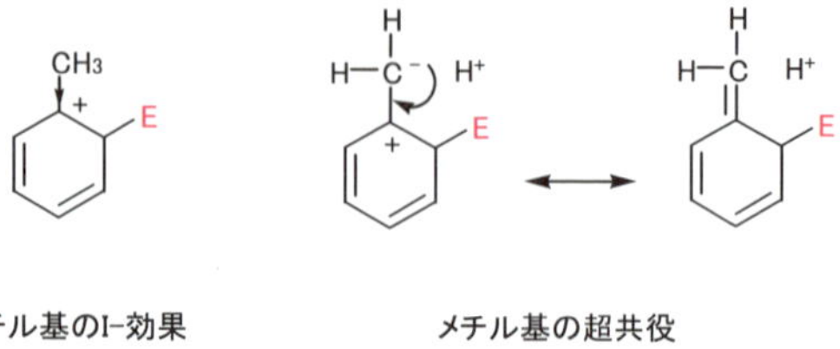

メチル基のI-効果　　　　　メチル基の超共役

図3·6

したカチオンを安定化する。さらに，超共役によってもカチオンが安定化されるため，アルキル基が置換したベンゼンと求電子試薬の反応も *o*-/*p*-配向したベンゼン誘導体を与える。

X = F, Cl, Br, I

ハロゲンが置換したベンゼンと求電子試薬との反応は興味深い。クロロベンゼンと求電子試薬 E^+ との反応を例に考えてみよう。まず，反応速度の観点からみると，塩素原子は代表的な電子求引基であるためベンゼン環上の電子はハロゲン側に引っぱられる。そのためベンゼン環上の電子密度はベンゼンにくらべ低くなるため，求電子試薬との反応はかなり遅い。しかしながら，塩素原子には電子が豊富に存在するため，これらの電子を介した4番目の共鳴構造 (n) および (o) の寄与がある (図3·7)。これにより，中間体のカチオンは，*m*-攻撃により生成したカチオンよりもカチオンを分子全体に効果的に非局在化することができるため，はるかに安定である。その結果，ハロゲンが置換したベンゼンと求電子試薬の反応も *o*-/*p*-配向した生成物を与える。

3 求電子置換反応 *33*

[図: 塩素の非共有電子対によるカルボカチオン中間体の共鳴構造 (n), (o)]

図 3·7

3·7 二置換ベンゼンの求電子置換反応

二置換ベンゼンと求電子試薬との反応では，導入される3番目の試薬の置換位置は，すでに存在する2つの置換基の配向性により決まる。3番目の置換基の導入位置を予測するには，一般に以下の3つの規則を適用すればよい。

1. 2つの置換基の配向効果が互いに強めあう場合：例えば p-ニトロアニソールではメトキシ基が o-/p-配向性であり，ニトロ基が m-配向性であるため，3つ目の置換基を同じ位置に配向させる。その結果，式(3-9)のように単一の置換生成物，2,4-ジニトロアニソールが得られる。

[反応式: p-ニトロアニソール + $^+NO_2$ → 2,4-ジニトロアニソール] (3-9)

2. 2つの置換基の配向効果が互いに相反する場合：この場合はより強力な活性基の配向性が優先する。例えば p-メチルフェノールの臭素化では，ヒドロキシル基もメチル基も o-/p-配向性ではあるが，ヒドロキシル基の方がメチル基よりも強力な活性基であるため，式(3-10)のように2-ブロモ-4-メチルフェノールが主生成物として得られる。

[反応式: p-メチルフェノール + Br^+ → 2-ブロモ-4-メチルフェノール] (3-10)

3. メタ二置換ベンゼンの場合：2つの置換基にはさまれた位置での置換はほとんど起こらない。これはすでに存在する置換基の立体的嵩高さにより非常に込みあっているため，3番目の求電子試薬が容易に反応することができないためである。例えば，3-クロロトルエンの塩素化では，2,5-ジクロロトルエンと3,4-ジクロロトルエンの混合物が得られるが，2,3-ジクロロトルエンは生成しない（式3-11）。

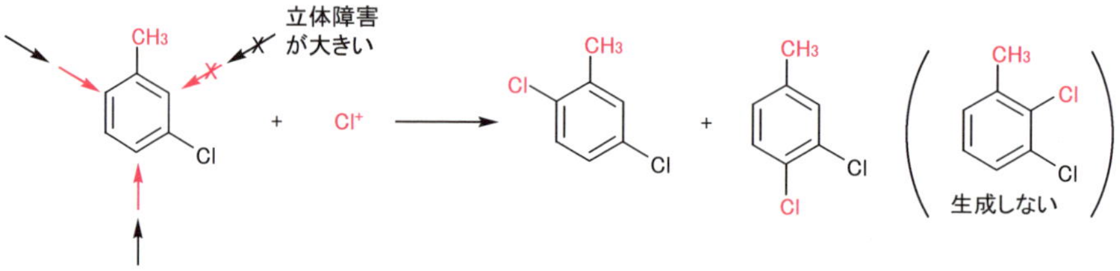

$$(3\text{-}11)$$

3・8 ナフタレンのスルホン化：速度論的支配と熱力学的支配

ナフタレンのスルホン化における興味深い反応を紹介しよう。式(3-12)

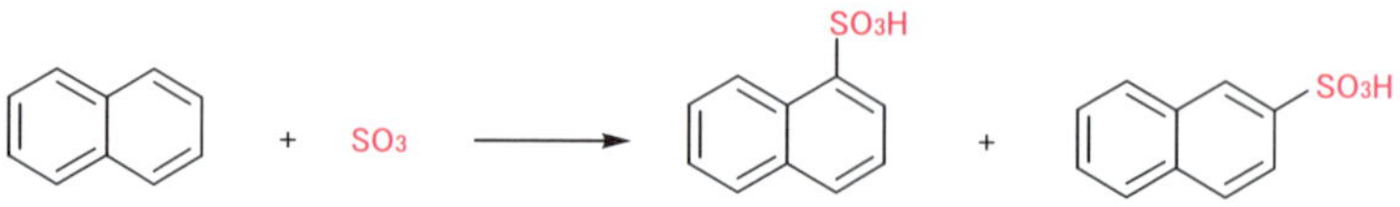

$$(3\text{-}12)$$

	1-ナフタレンスルホン酸	2-ナフタレンスルホン酸
80℃	～100%	～0%
160℃	～20%	～80%

に示すように，ナフタレンと発煙硫酸の反応を80℃で行うと1-ナフタレンスルホン酸がほぼ定量的に得られる。これに対して，反応を160℃で行うと2-ナフタレンスルホン酸が主生成物として得られる。この反応はどのように説明されるのであろうか。まず，中間体の安定性に着目すると，図3·8のように，1位を三酸化イオウが攻撃して生成した中間体 (p) では

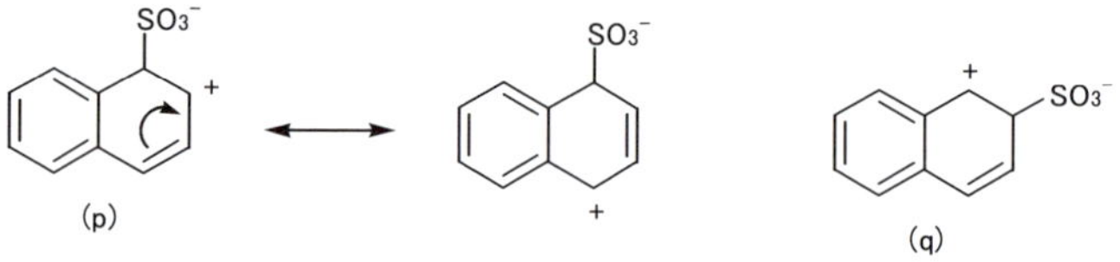

図3·8

2つの共鳴構造が書けるのに対して，2位を三酸化イオウが攻撃して生成した中間体では1つの共鳴構造（q）しか書けない。したがって，中間体としてはカチオンをより非局在化できる（p）の方が安定であり，当然活性化エネルギーも低いので優先的に反応が起こり，1-ナフタレンスルホン酸を与える（図3·9）。このように，中間体の安定性の違いにより生成物が支配

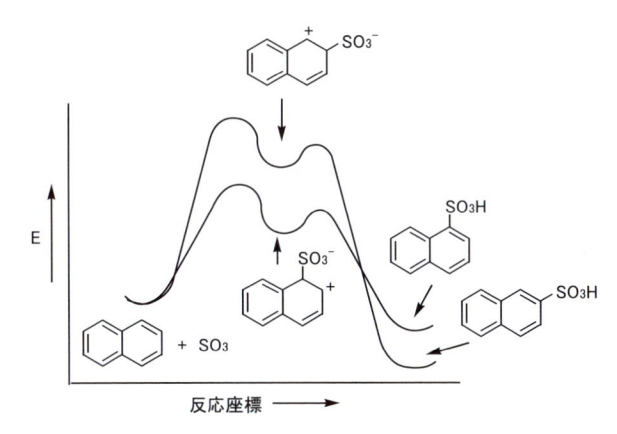

図3·9 ナフタレンのスルホン化におけるエネルギー状態図

される場合は，速度論的支配（kinetic control）と呼ばれる。これが80℃におけるナフタレンのスルホン化に反映されている。

　今度は生成物の安定性に着目すると，図3·10のように，1-ナフタレンス

図3·10

ルホン酸の場合，非常に嵩高い原子団であるSO₃Hとペリ位のHとの立体反発により不安定化されるが，2-ナフタレンスルホン酸の場合は，そのような立体反発はないので，生成物としてはより安定である。また，ナフタレンから1-ナフタレンスルホン酸が生成する反応系では，出発系と生成系の自由エネルギー差が小さいため逆反応（1-ナフタレンスルホン酸の分解によるナフタレンの生成）が存在することがラベル実験から明らかになっている。これら2つの事実から160℃での挙動が説明できる。先ほどの80℃の場合とはちがって，160℃では高い方の遷移状態を超えるのに必要な活性化エネルギーが供給されるため，より安定な生成物である2-ナフタレンスルホン酸が生成する。もちろんこの温度であれば1-ナフタレンスルホン酸も

ペ リ 位

"ペリ"とは，周辺を表すことば。注目する位置の近くにあるという意味から，ナフタレンの1,8-位やアントラセンの9-位から見た1,8-位などを指す。

ナフタレン

アントラセン

ラベル実験

標識実験ともいう。物質の挙動を追跡する際によく用いられる手法。問題となる化合物に同位体を導入し，反応のメカニズムを調べることがよく行われる。

生成するが，スルホン化の逆反応のためナフタレンが再生され，これが高い方の遷移状態を超えて，より安定な2-ナフタレンスルホン酸を生成する。結果として，160℃での反応では2-ナフタレンスルホン酸が主生成物となる。このように，生成物の安定性の違いにより反応が支配される場合は，熱力学的支配（thermodynamic control）と呼ばれる。

3・9 ベンゼン環への求核置換反応

これまでに述べたように，ベンゼン環は電子豊富であるため，一般には求電子試薬（カチオン試薬）のみ攻撃することができる。しかしながら，強力な電子求引基が置換すると，ベンゼン環内の電子密度が減少し求核試薬（アニオン試薬）の攻撃を受ける場合がある。以下にいくつかの反応例を紹介しよう。

3・9・1 ニトロ化ベンゼンのS_N2反応

2,4,6-トリニトロアニソールにナトリウムエトキシドを反応させると中間体が生成する。マイゼンハイマーが実際に中間体のアニオンをナトリウム塩として安定に単離したことから，この種の中間体はマイゼンハイマー錯体（Meisenheimer complex）と呼ばれる。この中間体からメトキシドイオンが脱離し1-エトキシ-2,4,6-トリニトロベンゼンが得られる（式3-13）。式（3-14）と式（3-15）に類似の反応例を示した。

(3-13)

2,4,6-トリニトロアニソール + $C_2H_5O^-Na^+$ → Meisenheimer錯体 → 1-エトキシ-2,4,6-トリニトロベンゼン + $CH_3O^-Na^+$

(3-14)

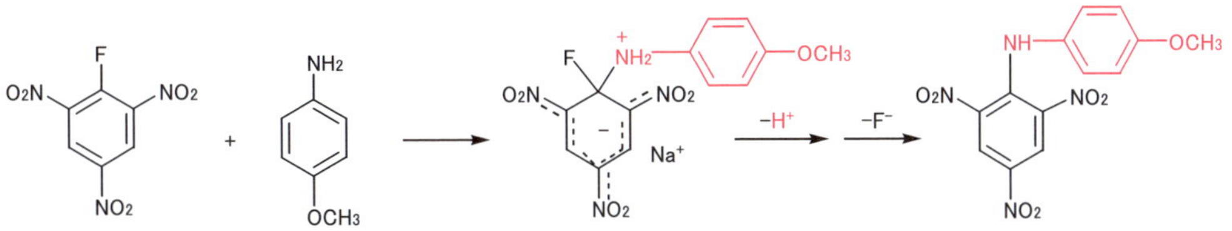

3・9・2 ベンゼンジアゾニウム塩のS_N1反応

アニリンに酸性条件下で亜硝酸ナトリウムを反応させるとベンゼンジアゾニウム塩が生成する。この塩と求核試薬（アニオン試薬）の反応はまず窒素分子が脱離しフェニルカチオン（phenyl cation）が生じ，続いてアニオン試薬が攻撃し置換ベンゼンが生成する（式3-16）。この反応の速度にアニオン試薬の濃度は全く無関係であり，N_2が脱離する段階が律速段階（rate-determining step）である。

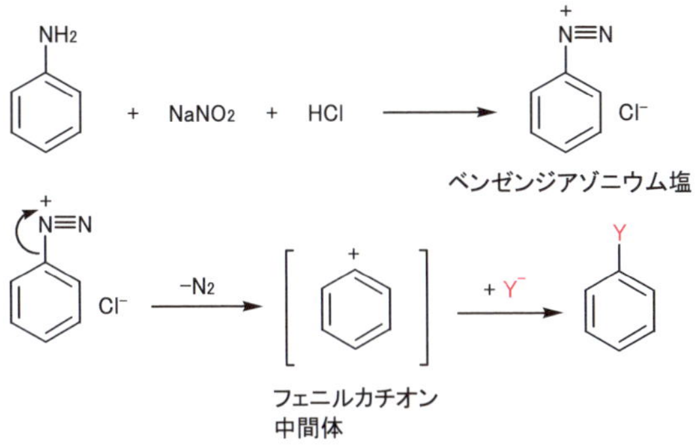

ジアゾニウム塩とハロゲン化銅(I)の反応は，ザンドマイヤー反応（Sandmeyer reaction）と呼ばれ，芳香族ハロゲン化合物の合成に広く使用されている（式3-17）。

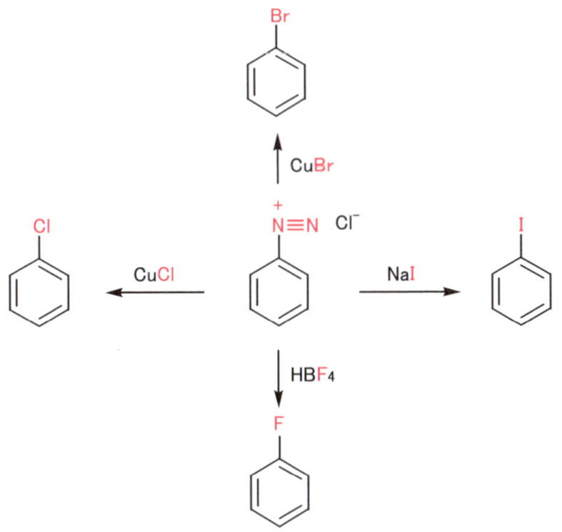

3・9・3 ベンザインを経由する反応

Robert らは，^{14}C でラベルしたクロロベンゼンを液体アンモニア中に溶解しナトリウムアミドを反応させると，2種類のアニリンが 1:1 の割合で得られることを見つけた (式3-18)。この結果を説明するには，まず，クロロベンゼンからの HCl の脱離を考えることが最も妥当である。HCl の脱離により生じた中間体は，ベンザイン (benzyne) と呼ばれ，この中間体にアンモニアが付加すると，2種類のアニリンが得られる。

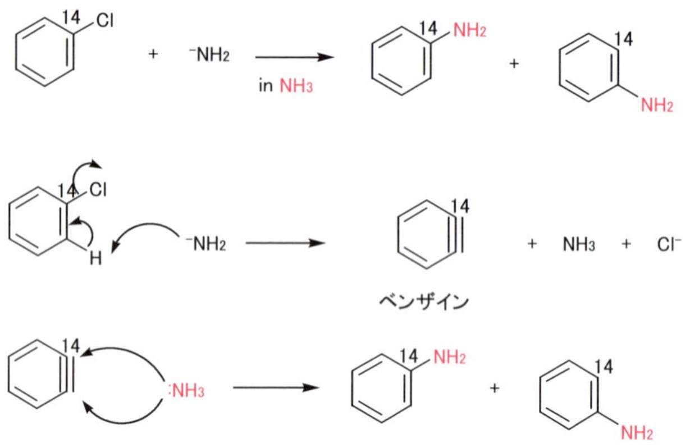

> **液体アンモニア**
>
> 液体としてのアンモニア。実験室では，ドライアイス-アセトン浴にフラスコを浸し，アンモニアガスを導入することにより簡単に調製できる。液体アンモニアは，有機物だけでなく無機物もよく溶かすため，有機合成の際の溶媒として用いられる。

(3-18)

章 末 問 題

1. ベンゼンから、解答例を参考に、以下の化合物を合成せよ。生成物の後のかっこ（ ）は目安となる反応ステップ数を示した。

問題: ベンゼン ⟶ 1-ブロモ-3-ニトロベンゼン (2 steps)

例 解答: ベンゼン —HNO₃/H₂SO₄→ ニトロベンゼン —Br₂/FeBr₃→ 1-ブロモ-3-ニトロベンゼン

(a) ベンゼン ⟶ 4-メチルアニリン (CH₃–C₆H₄–NH₂) (3 steps)

(b) ベンゼン ⟶ 3-アミノ安息香酸 (H₂N–C₆H₄–CO₂H) (4 steps)

(c) ベンゼン ⟶ 2,4,6-トリブロモアニリン (3 steps)

(d) ベンゼン ⟶ 4-ブロモベンゾニトリル (Br–C₆H₄–CN) (5 steps)

(e) ベンゼン ⟶ 1-ブロモ-3-クロロベンゼン (5 steps)

(f) ベンゼン ⟶ 3-ブロモ安息香酸 (6 steps)

(g) ベンゼン ⟶ ベンジルアミン (C₆H₅–CH₂–NH₂) (5 steps)

(h) ベンゼン ⟶ ベンジルアミン (C₆H₅–CH₂–NH₂) (6 steps)

(i) ベンゼン ⟶ 1,3,5-トリブロモベンゼン (5 steps)

解 答

(a) ベンゼン → [CH₃Cl / AlCl₃] → トルエン → [HNO₃ / H₂SO₄] → p-ニトロトルエン → [HCl, Fe または H₂, Ni] → 生成物

(b) ベンゼン → [HNO₃ / H₂SO₄] → ニトロベンゼン → [CH₃Cl / AlCl₃] → m-ニトロトルエン → [KMnO₄] → m-ニトロ安息香酸 → [HCl, Fe または H₂, Ni] → 生成物

(c) ベンゼン → [HNO₃ / H₂SO₄] → ニトロベンゼン → [HCl, Fe または H₂, Ni] → アニリン → [3 Br₂] → 生成物

(d) ベンゼン → [Br₂ / FeBr₃] → ブロモベンゼン → [HNO₃ / H₂SO₄] → p-ブロモニトロベンゼン → [HCl, Fe または H₂, Ni] → p-ブロモアニリン → [NaNO₂, HCl] → p-ブロモベンゼンジアゾニウム塩 → [CuCN] → 生成物

(e) ベンゼン → [HNO₃ / H₂SO₄] → ニトロベンゼン → [Cl₂ / FeCl₃] → m-クロロニトロベンゼン → [HCl, Fe または H₂, Ni] → m-クロロアニリン → [NaNO₂, HCl] → m-クロロベンゼンジアゾニウム塩 → [CuBr] → 生成物

(f) ベンゼン → [HNO₃ / H₂SO₄] → ニトロベンゼン → [Br₂ / FeBr₃] → m-ブロモニトロベンゼン → [HCl, Fe または H₂, Ni] → m-ブロモアニリン → [NaNO₂, HCl] → m-ブロモベンゼンジアゾニウム塩 → [CuCN] → m-ブロモベンゾニトリル → [H_3O^+, 加熱] → 生成物

(g) ベンゼン → [HNO₃ / H₂SO₄] → ニトロベンゼン → [HCl, Fe または H₂, Ni] → アニリン → [NaNO₂, HCl] → ベンゼンジアゾニウム塩 → [CuCN] → ベンゾニトリル → [LiAlH₄] → 生成物

(h) ベンゼン → [Cl₂ / FeCl₃] → クロロベンゼン → [Mg] → PhMgCl → [CO₂] → 安息香酸 → [SOCl₂] → ベンゾイルクロリド → [NH₃] → ベンズアミド → [LiAlH₄] → 生成物

(i) ベンゼン → [HNO₃ / H₂SO₄] → ニトロベンゼン → [HCl, Fe または H₂, Ni] → アニリン → [3 Br₂] → 2,4,6-トリブロモアニリン → [NaNO₂, HCl] → 2,4,6-トリブロモベンゼンジアゾニウム塩 → [H_3PO_2] → 生成物

3 求電子置換反応

2. 次の反応の生成物を記せ。

(a) C₆H₆ + CH₂=CH₂ →(AlCl₃, 微量のHCl)

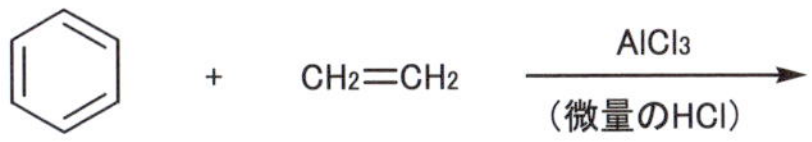

(b) C₆H₅CH₃ + D₂SO₄ →

(c) C₆H₅NHCOCH₃ + ClSO₃H →

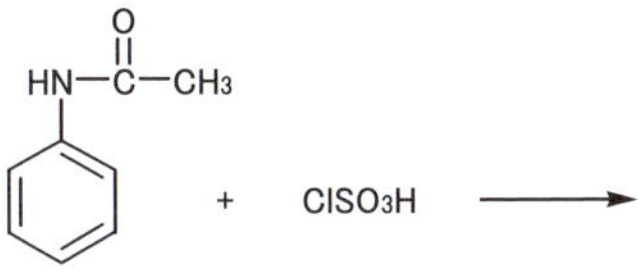

(d) C₆H₅CH₃ + CO →(HCl, AlCl₃)

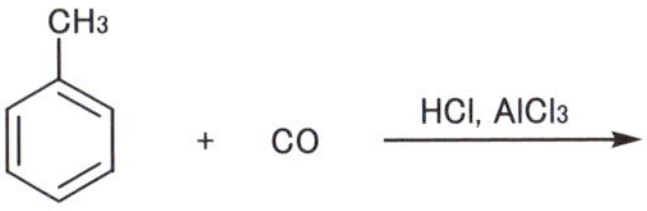

(e) C₆H₅OH + CO₂ →(NaOH, 加熱、加圧)

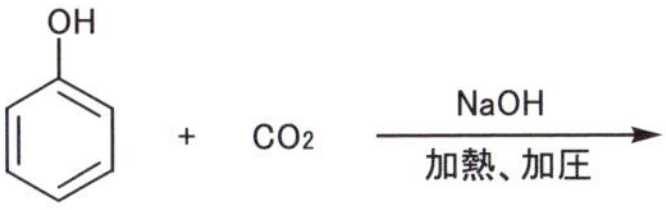

(f) アントラセン + (CH₃)₂N–CHO + POCl₃ →

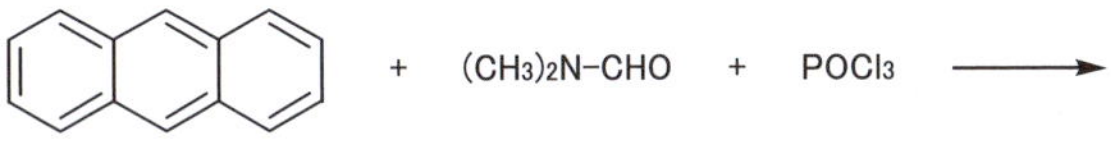

解答

(a) $CH_2=CH_2$ + HCl + $AlCl_3$ ⇌ $CH_3\overset{+}{C}H_2$ + $AlCl_4^-$

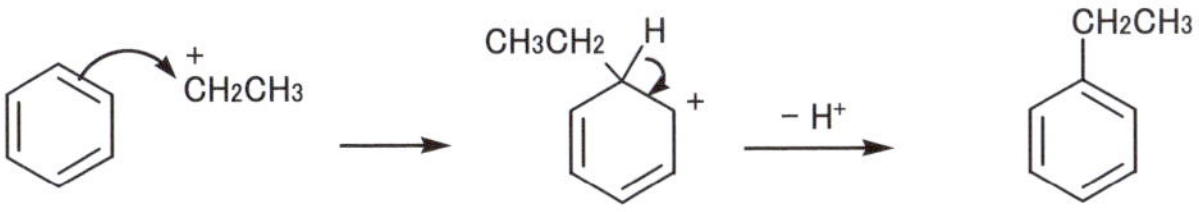

ベンゼン + $^+CH_2CH_3$ → アレニウム中間体 → (− H⁺) → エチルベンゼン

(b) D⁺が求電子試薬として働き，結果としてH–D交換が起こる。

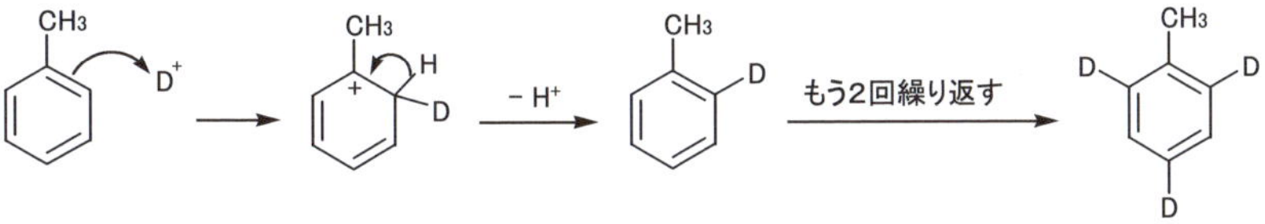

トルエン + D⁺ → アレニウム中間体 → −H⁺ → 2-D-トルエン → もう2回繰り返す → 2,4,6-トリジュウテロトルエン

(c) 2 $ClSO_3H$ ⇌ HCl + $HO\overset{+}{S}O_2$ (反応種) + $ClSO_3^-$

アセトアニリド + HOSO₂⁺ → アレニウム中間体 → −H⁺ → p-スルホン酸アセトアニリド → −H₂SO₄ → p-アセトアミドベンゼンスルホニルクロリド

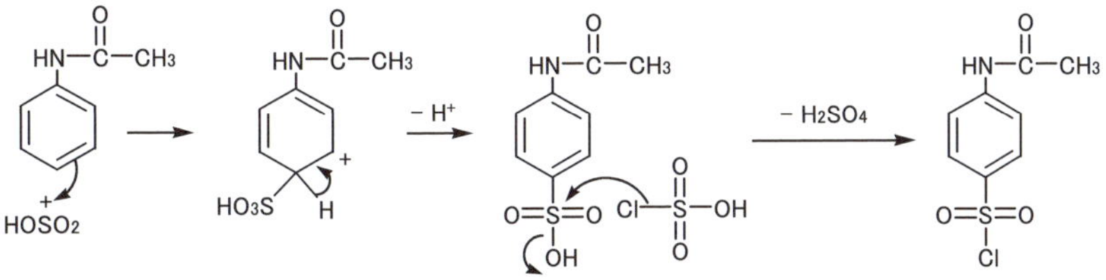

(d) この反応はガッターマン－コッホ反応（Gattermann-Koch reaction）と呼ばれ，ベンゼン環へのホルミル基（-CHO）の導入に用いられる。

$$:C=O + HCl + AlCl_3 \rightleftharpoons H-\overset{+}{C}=O + AlCl_4^-$$
（反応種）

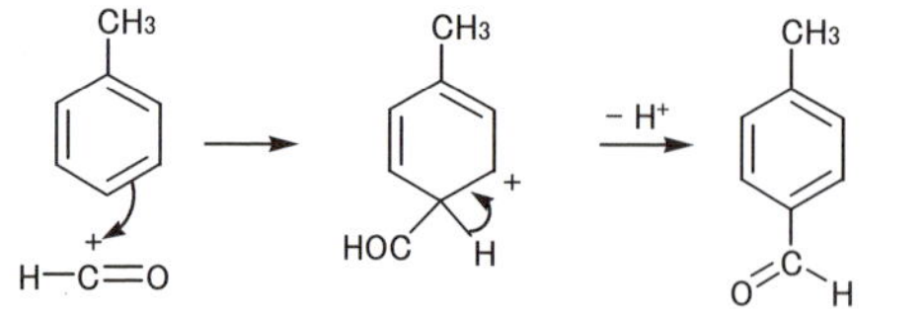

(e) この反応はコルベ反応（Kolbe reaction）と呼ばれ，サリチル酸の合成に用いられる。

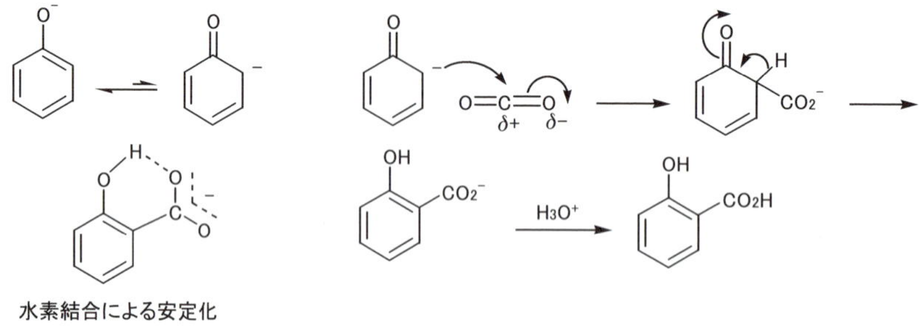

水素結合による安定化

(f) この反応はフィルスマイヤー反応（Vilsmeier reaction）と呼ばれ，芳香環へのホルミル基の導入に用いられる。また，アントラセンは，9-，10-位の反応性が高い。

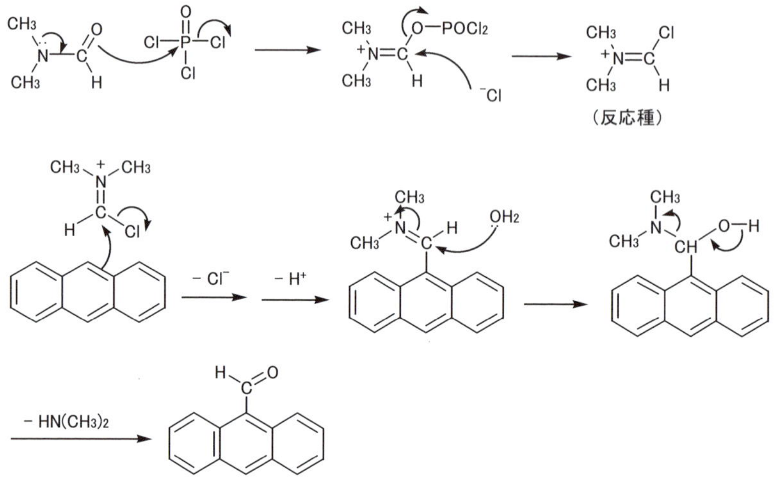

（反応種）

3. ベンゼンと塩化ブチルをAlCl₃存在下で反応させると，主生成物として2-フェニルブタンが得られる。直鎖状の1-フェニルブタンを合成する方法を考案せよ。

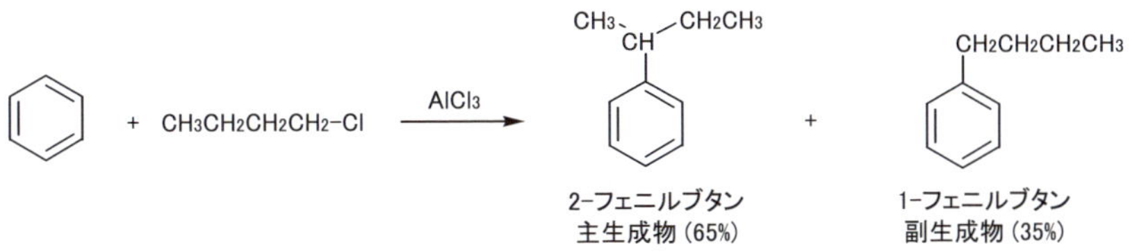

2-フェニルブタン
主生成物 (65%)

1-フェニルブタン
副生成物 (35%)

解 答

生成するカルボカチオンの安定性に左右されない Friedel-Crafts のアシル化反応とカルボニル基の選択的還元法を組み合わせる。

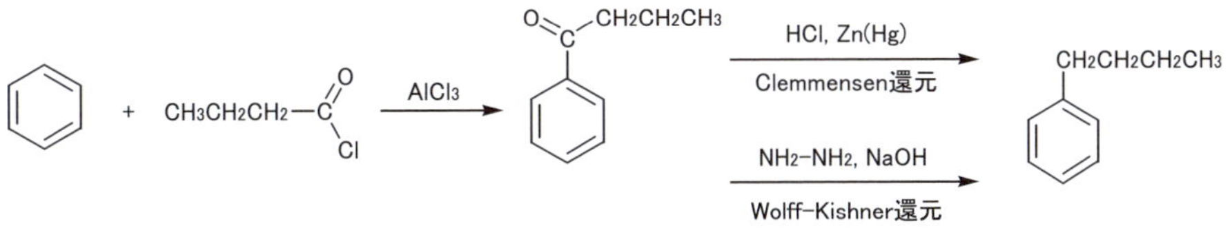

Clemmensen還元およびウォルフーキシュナー還元 (Wolff-Kishner reduction) は，カルボニル基を選択的に -CH₂- に還元する際に用いられる。もし，カルボニル化合物が酸に不安定な場合はWolff-Kishner還元を，塩基に不安定な場合はClemmensen還元を用いればよい。以下に，Wolff-Kishner還元のメカニズムを示した。

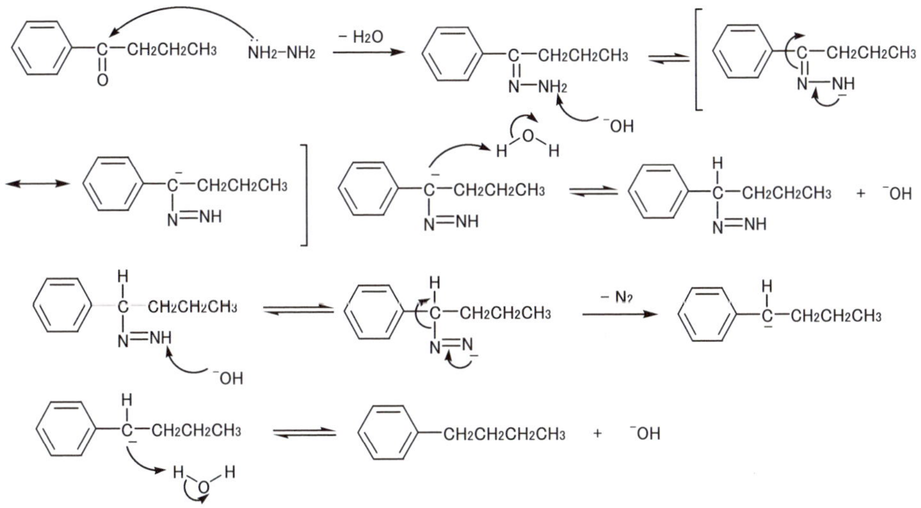

4. Friedel-Crafts のアシル化反応を利用して，以下の化合物の合成法を考案せよ。

(a) ベンゼン → 1-テトラロン

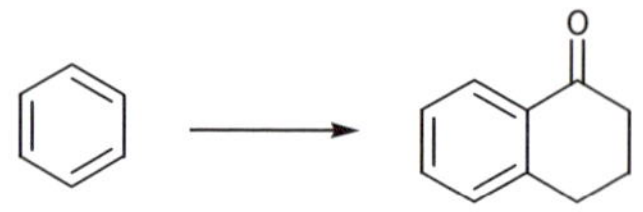

(b) ベンゼン → アントラキノン

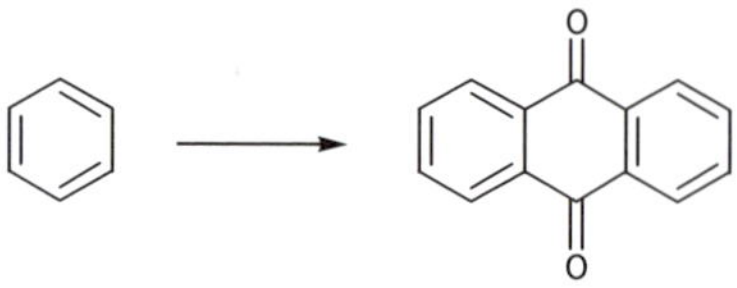

解 答

(a) 無水コハク酸 + AlCl₃ → 反応種($^+$C(=O)-CH₂-CH₂-COO$^-$AlCl₃)

ベンゼン + 反応種 → -H$^+$ → H₃O$^+$ → PhCOCH₂CH₂CO₂H → (HCl, Zn(Hg), Clemmensen還元)

PhCH₂CH₂CH₂CO₂H → SOCl₂ → PhCH₂CH₂CH₂COCl → AlCl₃ / 分子内Friedel-Crafts反応

アシリウムカチオン + AlCl₄⁻ → アレニウム中間体 → -H$^+$ → 生成物

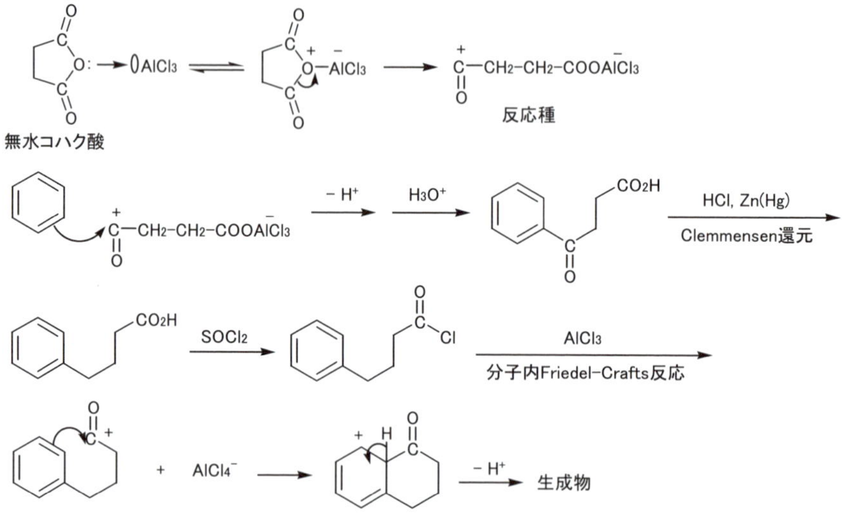

(b) 無水フタル酸 + AlCl₃ → 反応種

反応種 + ベンゼン → -H$^+$ → H₃O$^+$ → 2-ベンゾイル安息香酸 → 濃H₂SO₄ またはポリリン酸 → 生成物

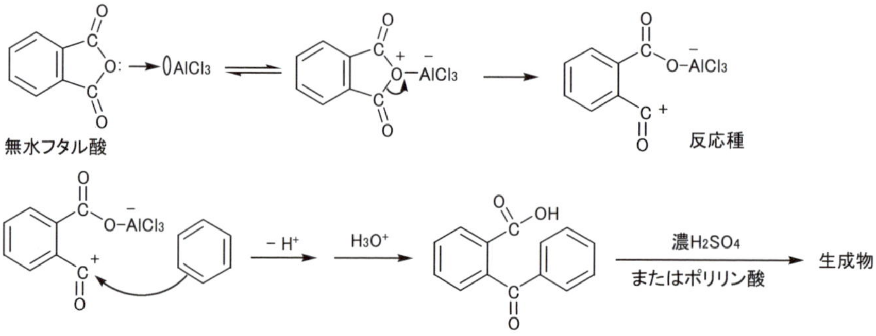

5. 次の3つの反応のメカニズムを記せ。

(a), (b), 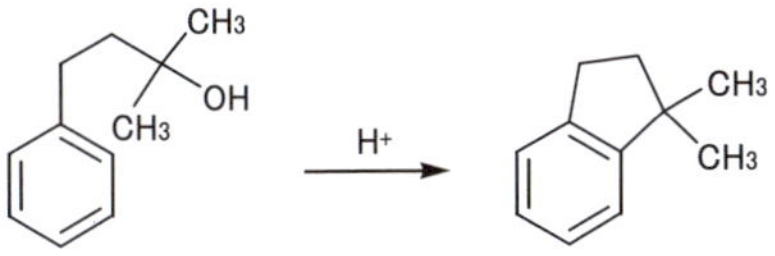 (c) の反応式および解答のメカニズムは図示のとおり。

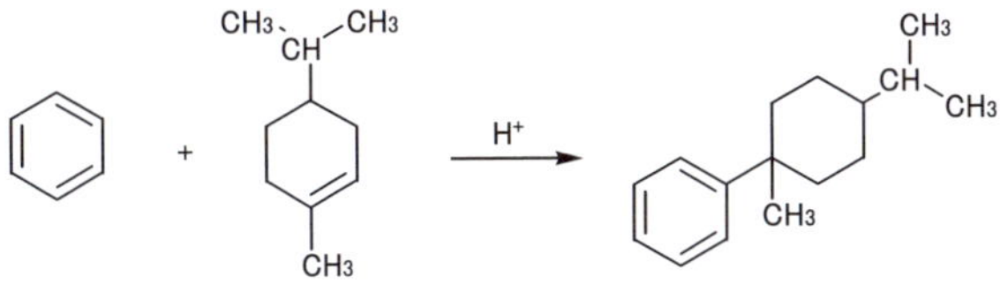

解　答

(a) アルケンが H⁺ でプロトン化されて第三級カルボカチオンを生成 → ベンゼンが求核攻撃 → －H⁺ → 生成物

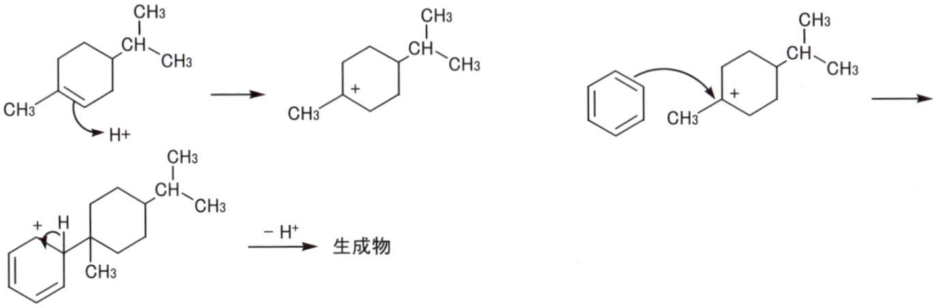

(b) アルコールが H⁺ でプロトン化 → －H₂O により第三級カルボカチオン生成 → 分子内 Friedel-Crafts アルキル化 → －H⁺ → 生成物

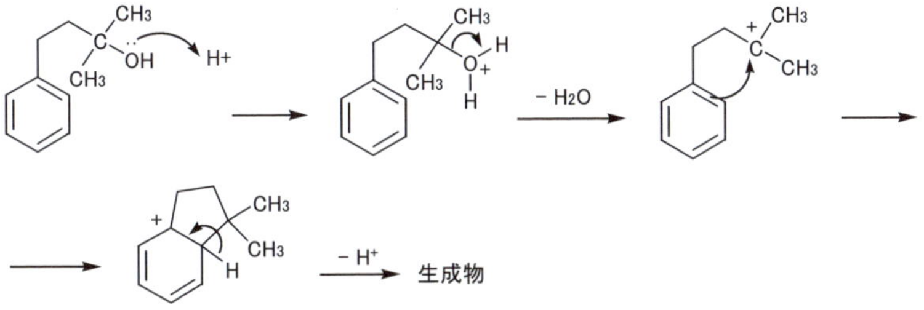

(c) 酸塩化物の Cl が SnCl₄（Lewis酸）に配位 → アシルカチオン生成 → 分子内 Friedel-Crafts アシル化 → －H⁺ → 生成物

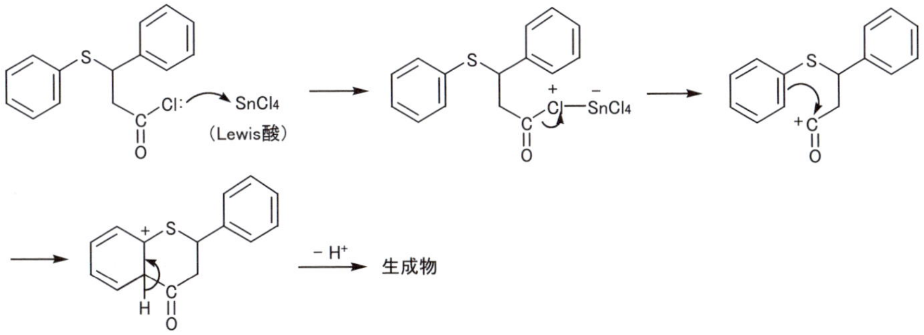

4 求電子付加反応

求電子付加反応は，二重結合を含むアルケン類に代表される反応である。この章では，さまざまな求電子付加反応のメカニズムについてわかりやすく解説する。

4・1　C＝C二重結合への求電子付加反応

C＝C二重結合の特徴は，電子豊富な系であり，π-結合を形成している2個の電子はσ-結合を形成している電子よりも分子全体に広がっており，しかも炭素核との結びつきも弱いので分極しやすい（図4・1）。このような性質からC＝C二重結合では，一般的に求電子付加反応（electrophilic addition）が起こりやすい。

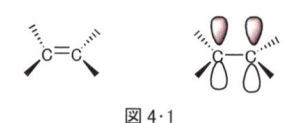

図4・1

4・1・1　C＝C二重結合へのハロゲンの付加

二重結合の確認実験として，二重結合を含む化合物の溶液に臭素溶液を数滴滴下し臭素の赤褐色が消失する実験を行ったことがあるでしょう。この反応がまさに二重結合への臭素の付加反応である。ではこの反応のメカニズムを見てみよう。

trans-2-ブテンと臭素との四塩化炭素 CCl_4 中の反応では，臭素が二重結合に近づいてくると臭素原子のまわりの豊富な電子と二重結合の π-電子

との電子反発により臭素分子の分極が起こる。これにより一方の端が正に帯電し，二重結合とπ-錯体を形成する。これがこわれて環状のブロモニウムイオン（bromonium ion）となる。次に，残った臭化物イオンは嵩高いブロモニウムイオンとの立体反発を避けるために，ブロモニウムイオンの反対側から求核攻撃する。臭化物イオンの攻撃位置は2つの炭素であるが，この場合はメソ体の2,3-ジブロモブタンが得られる（式4-1）。

(4-1)

> **メ ソ 体**
>
> 2個以上の不斉炭素をもつ化合物の光学異性体の中には，分子内に対称面をもつために，光学不活性になるものがある。その異性体をメソ体またはメソ形と呼ぶ。酒石酸は，その典型的な例である。
>
> (+)-酒石酸　(−)-酒石酸
>
> メソ酒石酸

　この反応の中間体がカルボカチオンではなくブロモニウムイオンであることを示唆する実験と，Olahの超強酸（superstrong acid）とNMRを用いた実験を紹介しよう。シクロペンテンへの臭素の付加で臭化物イオンは上面からでも下面からでも攻撃できるはずである。すなわち，2個の臭素原子が環の同じ側にある *cis*-体と反対側にある *trans*-体の混合物が生成するはずである。しかし実際には，*trans*-1,2-ジブロモシクロペンタンのみが生成することがわかっている（式4-2）。また，Olahの実験は，2,3-ジブロモ-

(4-2)

> **超 強 酸**
>
> 100%硫酸よりも強い酸性度を有する酸であり，マジック酸（magic acid：魔法の酸）とも呼ぶ。

2,3-ジメチルブタンを液体SO_2中−60℃で五フッ化アンチモンSbF_5と反応させるとイオン対が生成するが，もしカルボカチオン（a）のような構造であれば2組の6個の等価なメチルプロトンに基づく2種類のシグナルがNMRスペクトルで観測されるが，実際は12個すべてのメチルプロトンが等価で1本のシグナルとして観察されたことから，環状のブロモニウムイオ

> **Ｎ Ｍ Ｒ**
>
> 強い磁場と電磁波の組み合わせにより，分子中で原子核のおかれた環境に関するさまざまな情報を得ることができる。H核に関する情報を得るには^{1}H-NMRを，C核に関する情報を得るには^{13}C-NMRを測定する。

ン（b）であることが示された（式4-3）。

$$
\begin{array}{c}
\text{(式 4-3)}
\end{array}
$$

1本のシグナル 2.0 ppm → 2本のシグナルが観測されるはず (a) → 1本のシグナルのみ観測されるはず (b) 2.9 ppm

アルケンの臭素化は，上述のように，ブロモニウムイオンが中間体として存在するが，この反応系に他の求核試薬が存在すると，2段目の反応においてこの求核試薬と臭化物イオンとのあいだで競争が起こる。例えば，CCl_4 の代わりに水を溶媒としてシクロペンテンの臭素化反応を行うと，隣接ブロモアルコール（慣用名：ブロモヒドリン）のみが生成する（式4-4）。

ブロモヒドリン

分子内にハロゲンと水酸基をもつ化合物をハロヒドリン（halohydrin）と呼ぶ。ハロゲンの種類によってクロロヒドリン，ブロモヒドリン，ヨードヒドリンが知られている。

$$ \text{(式 4-4)} $$

trans-2-ブロモシクロペンタノール

反応全体としては，Br-OHが二重結合にトランス付加した形になっている。では，この反応はどのように起こるのだろうか。まず，シクロペンテンに対して臭素が反応し，ブロモニウムイオン中間体が生成する。次に，溶媒として大過剰に存在する水分子がこの中間体を求核的に攻撃し，trans-2-ブロモシクロペンタノールが得られる。

4・1・2 共役二重結合への臭素の付加

共役二重結合

二重結合と単結合が交互に連なって存在するとき，これを共役二重結合と呼ぶ。

共役二重結合への臭素の付加において，興味深い実験例がある。1,3-ブタジエンに臭素を反応させると，1,2-ジブロモ-3-ブテンと1,4-ジブロモ-2-ブテンが得られる（式4-5）。これら異性体の割合は，反応温度により変化す

$$
\underset{\text{1,3-ブタジエン}}{CH_2=CH-CH=CH_2} \xrightarrow{Br_2} \underset{\text{1,2-ジブロモ-3-ブテン}}{CH_2-CH-CH=CH_2} + \underset{\text{1,4-ジブロモ-2-ブテン}}{CH_2-CH=CH-CH_2} \quad (4\text{-}5)
$$

温度	1,2-ジブロモ-3-ブテン	1,4-ジブロモ-2-ブテン
−60 ℃	75%	25%
0 ℃	25%	75%

る。例えば，−60℃では，75:25の割合で生成するのに対して，0℃では逆に25:75の割合で生成する。この反応の違いは，どのように説明されるのだろうか。

共役二重結合への Br^+ の付加反応では，ブロモニウムイオンではなく，安定なアリルカチオン (allyl cation) (c) が生成する。このカチオンは，共鳴によりもうひとつのアリルカチオン (d) を生じる。カチオン (c) に Br^- が求核的に攻撃すれば1,2-ジブロモ-3-ブテンが，カチオン (d) に Br^- が求核的に攻撃すれば1,4-ジブロモ-2-ブテンが生成する（式4-6）。1,2-付加

$$
\begin{array}{c}
CH_2=CH-CH=CH_2 \xrightarrow{Br^{\delta-}\!-\!Br^{\delta+}} \underset{(c)}{CH_2-\overset{Br}{\underset{}{CH}}-\overset{+}{CH}-CH_2} \longleftrightarrow \underset{(d)}{\overset{Br}{\underset{}{CH_2}}-CH=CH-\overset{+}{CH_2}} \\
\text{安定なアリルカチオン}
\end{array}
\qquad (4\text{-}6)
$$

$$
\underset{(c)}{\overset{Br}{\underset{}{CH_2}}-\overset{+}{CH}-CH=CH_2} \xrightarrow{Br^-} \overset{Br}{\underset{Br}{\underset{}{CH_2-CH-CH=CH_2}}}
$$

$$
\underset{(d)}{\overset{Br}{\underset{}{CH_2}}-CH=CH-\overset{+}{CH_2}} \xrightarrow{Br^-} \overset{Br}{\underset{}{CH_2-CH=CH-CH_2}}\!-\!Br
$$

> **1,2-付加体**
>
> 1,2-付加体の生成については，以下のような考え方もある。すなわち中間体の安定性を比較してみると，同じアリルカチオンでも (c) は二級の，(d) は一級のカルボカチオンであり，(c) の方がより安定なカチオンであるため，低温では，1,2-付加体が優先的に生成する。しかしながら，Eric Nordlander (1934-1984) が行った実験から，本文中の考え方が妥当であることが実証された。

体が生成する理由は，C(1)炭素上にBr^+が結合した直後のBr^-の位置を考えてみるとよい。当然Br^-はC(4)よりもC(2)に近い位置に存在しているはずだからC(2)を優先的に攻撃する。一方，生成物の安定性を比較してみると，1,2-ジブロモ-3-ブテンでは嵩高いBrが隣どうしに位置するため，立体反発が生じる。さらに，二置換アルケンの方が末端に二重結合がある一置換アルケンよりも安定である。このように，生成物の安定性から考えると，1,4-ジブロモ-2-ブテンの方が安定であり，反応温度が，−60℃から0℃まで上昇すれば，カチオン (d) を経由する反応が優先的に進行する。−60℃での反応は速度論的支配 (kinetic control) と呼ばれ，0℃での反応は熱力学的支配 (thermodynamic control) と呼ばれる。

4・1・3 C＝C二重結合へのハロゲン化水素の付加

2-メチルプロペンへのHClの付加反応では，1-クロロ-2-メチルプロパンは生成せず，2-クロロ2-メチルプロパンのみが得られる（式4-7）。この付加反応は以下のように説明される。

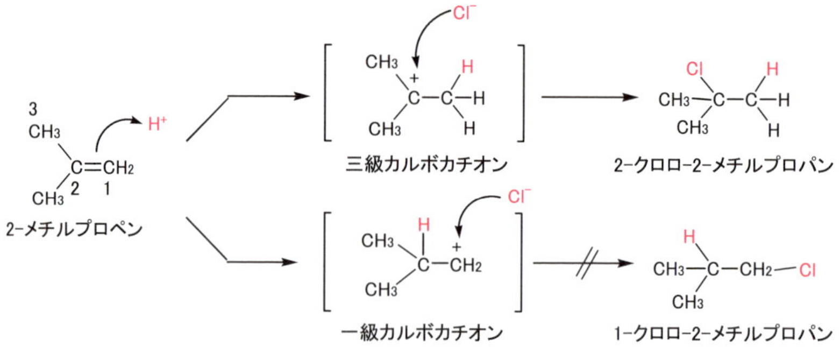

$$\text{(4-7)}$$

二重結合へのプロトン付加は2つの炭素上で起こることが考えられる。プロトンが2位の炭素へ付加すると一級カルボカチオンが，1位の炭素へ付加すると三級カルボカチオンが生成する。カチオンの安定性は三級のほうがはるかに安定であることから，プロトンの付加は1位の炭素上で起こり，続いてCl⁻が求核攻撃し，2-クロロ2-メチルプロパンのみが得られる。C＝C二重結合へのハロゲン化水素HXの付加に対しては，"Hはアルキル置換基の少ない炭素に付き，Xはアルキル置換基の多い炭素に付く"というマルコウニコフ則（Markovnikov rule）が知られている。この法則は，中間体であるカルボカチオンを中心に考えると，より多くアルキル置換されたカルボカチオン中間体の方が，少ないものより優先的に生成するといいかえることもできる。

4・1・4　C＝C二重結合への水の付加

水はアルケンに付加して，アルコールを与えることが知られている。この反応は，水和（hydration）と呼ばれる。アルケンを硫酸酸性水溶液で処理すると，前述のHXの付加と同様に，Markovnikov則に従って反応が進行する。すなわち，二重結合とプロトンとの反応により三級カルボカチオン中間体が生成し，これに求核試薬である水が反応してオキソニウムイオン（oxonium ion）を生じる。このオキソニウムイオンからプロトンが脱離すれば，中性のアルコールが生成すると同時に酸触媒（acid catalyst）である硫酸が再生される（式4-8）。

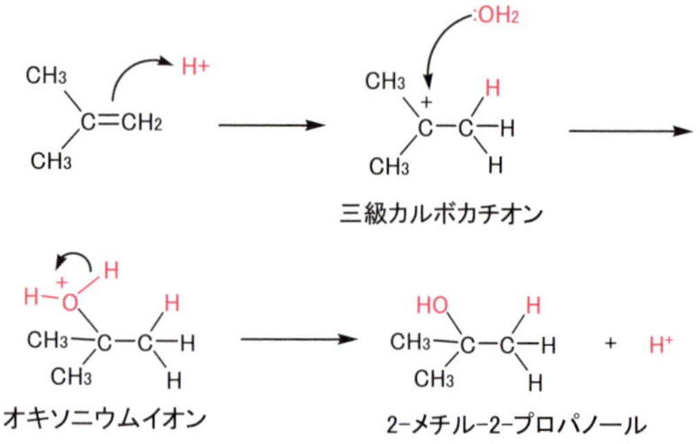

$$\text{(4-8)}$$

4・1・5 ヒドロホウ素化－酸化反応

一般的にアルケンの水和反応では，より安定なカルボカチオン中間体を経由して反応が進行するため，二級または三級アルコールが主生成物として得られる。ここで紹介するヒドロホウ素化反応(hydroboration)は，一級アルコールを選択的に合成する有用な方法である。

BH_3 は Lewis 酸であり，アルケンの置換基の少ない方の炭素に付加（この段階は Markovnikov 則に従う）し，全体の付加反応は隣接するカルボカチオンへのヒドリドイオン（H^-; hydride ion）の転位により完了する。同じ反応をもう2回繰り返すとトリアルキルホウ素 R_3B が生成する。過酸化水素 H_2O_2 を用いた酸化によりトリアルキルボレート $B(OR)_3$ が生成し，最後に加水分解するとアルコールが得られる（式4-9）。このように，C＝C

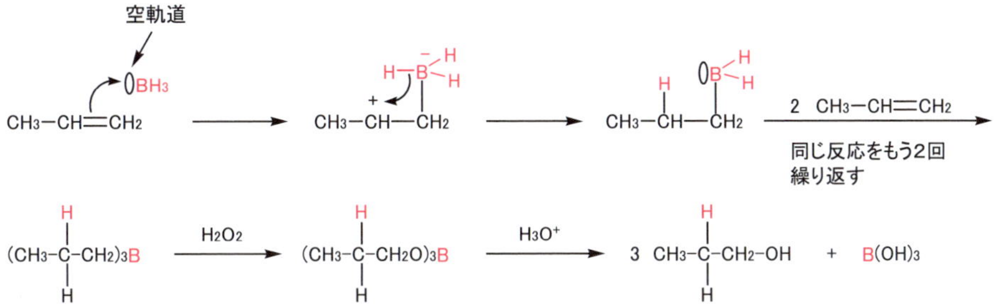

二重結合の酸触媒水和反応では得ることができない逆マルコウニコフ(anti-Markovnikov)型アルコール，すなわち一級アルコールが合成できる点がこのヒドロホウ素化反応の最大の特徴である。

4・1・6 シス付加によるジヒドロキシル化

四酸化オスミウム OsO_4 や過マンガン酸カリウム $KMnO_4$ をアルケンと反応させるとジオールが生成する。例えば，シクロヘキセンとこれらの酸化剤との反応では，水酸基が同じ側にある *cis*-1,2-シクロヘキサンジオールが得られる（式4-10）。この反応の最初の段階は，二重結合と酸化剤の

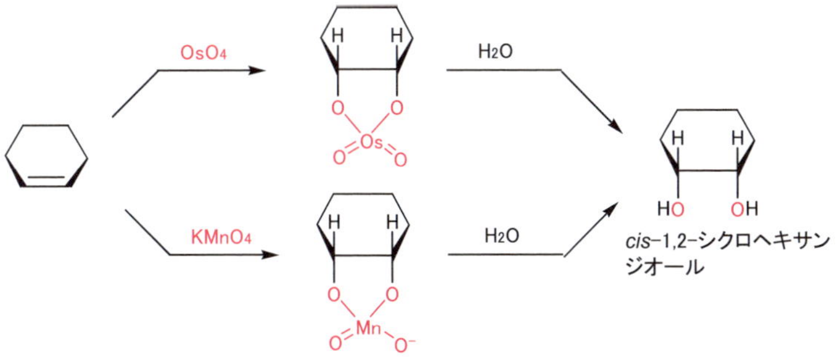

間で 3 つの電子対が同時に移動し，環状のエステルを与える協奏的付加反応（concerted addition）であり，アルケンに対する求電子攻撃とみることができる。立体的な理由から，2 つの酸素原子は二重結合の同じ側から接近することになる。すなわち，反応はシン付加（*syn* addition）で進行する。付加反応によって生成した中間体は反応性が高く，加水分解されてジオール体になる。

　この最後の加水分解によるジオールの生成メカニズムについて，^{18}O でラベルした $KMn^{18}O_4$ を用いた興味深い実験を紹介しよう。中間体への水（$H_2^{16}O$）の攻撃位置としては，酸素の根元の炭素（経路a）と金属（経路b）が考えられる。経路aで反応が進行すると仮定すると生成物のジオールの酸素原子には ^{16}O が，経路bで反応が進行すると仮定するとジオールの酸素原子には ^{18}O が導入されることになる（式4-11）。質量分析の結果から，後者の経路が妥当であることがわかった。

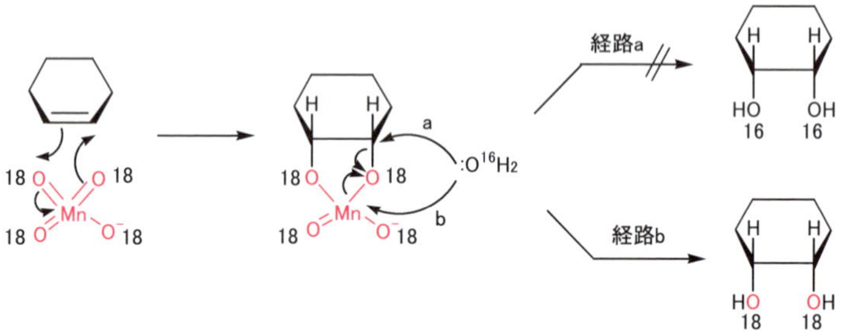

(4-11)

4・1・7　エポキシ化

　アルケンとペルオキシカルボン酸 RCO_3H（peroxycarboxylic acid）との反応では，ペルオキシカルボン酸のO-O結合の開裂が起こり，エポキシド（epoxide）またはオキシラン（oxirane）と呼ばれる三員環エーテルが生成する。この反応のメカニズムは，求電子的な酸素原子が二重結合に付加すると同時に，ペルオキシカルボン酸のプロトンが自身のカルボニル基に移る環状の遷移状態を経由することが知られている（式4-12）。

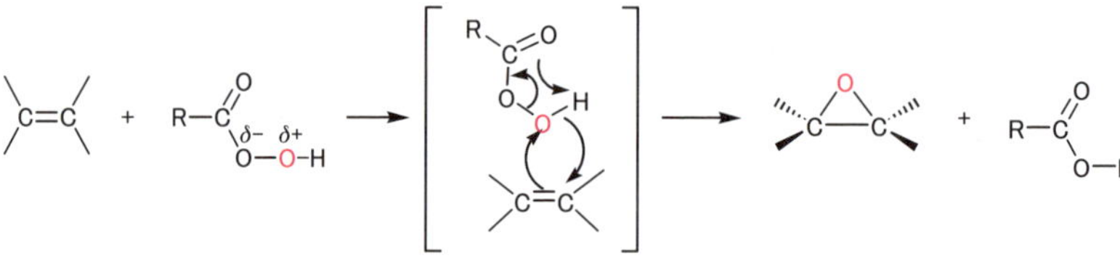

(4-12)

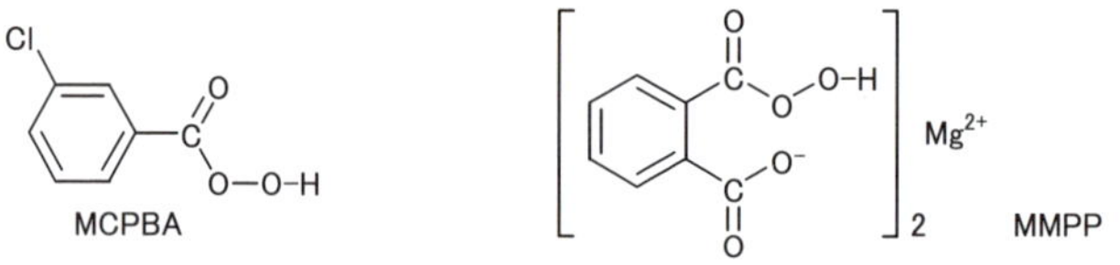

MCPBA　　　MMPP

シン配座

ニューマン投影式（Newman's Projection formula）とは，分子内の一つの結合に注目し，その結合を作っている 2 つの原子を手前（円の中心位置で表示）と奥（円で表示）になるように書き，さらに，これら原子に結合している置換基を下図のように表示したもの。

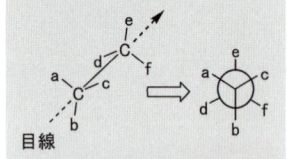

目線

Newman 投影式で立体配座を表したとき，奥の原子に結合した特定の置換基が，手前の原子に結合した基準となる置換基に対して ±90°までの間にあるとき，この配座をシン配座（syn conformation）と呼ぶ。一方，上記範囲以外にあるときを，アンチ配座（anti conformation）と呼ぶ。

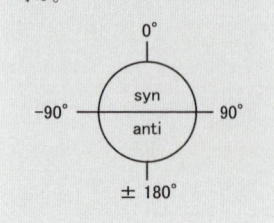

ペルオキシカルボン酸としては，*m*-クロロペルオキシ安息香酸（*m*CPBA: *m*-chloroperbenzoic acid）が実験室ではよく用いられるが，大量に使用したり工業的な目的の場合には，より安定なモノペルオキシフタル酸マグネシウム（MMPP: magnesium monoperoxyphthalate）が用いられる。生成物であるエポキシドは，*trans*-ジオールやアルコールなど有機合成に有用な化合物に変換することができる（式4-13）。

$$\text{シクロヘキセン} + RCO_3H \longrightarrow \text{エポキシド} \begin{array}{l} \xrightarrow{H_3O^+} trans\text{-1,2-シクロヘキサンジオール} \\ \xrightarrow{LiAlH_4} \text{シクロヘキサノール} \end{array} \quad (4\text{-}13)$$

4・1・8 オキシ水銀化

アルケンの水和と同様に，アルケンに水が Markovnikov 則に従って付加したアルコールを与える方法として，オキシ水銀化（oxymercuration）を経由する反応が知られている。

この反応ではまず，酢酸水銀(II)（mercury acetate）がカチオン性の水銀化学種（$^+$HgOAc）とアセタートイオンに解離する。2-メチル-1-ブテンの二重結合の π-電子がこのカチオン性化学種を攻撃し，ブロモニウムイオンに似たマーキュリニウムイオン（mercurinium ion）中間体を生成する。次に，水分子がアルキル置換基の多い方の炭素を攻撃して，酢酸アルキル水銀(II)を生成する。この酢酸アルキル水銀(II)の C-Hg 結合を水素化ホウ素ナトリウム $NaBH_4$（sodium borohydride）を用いて還元すると 2-メチル-2-ブタノールが得られる（式4-14）。

$$Hg(OAc)_2 \rightleftharpoons {}^+HgOAc + {}^-OAc \qquad OAc = O\text{-}\underset{\underset{O}{\parallel}}{C}\text{-}CH_3$$

$$(4\text{-}14)$$

オキシ水銀化反応によって得られる化合物は，酸触媒によるアルケンの水和と同じ生成物を与えるが，オキシ水銀化の方が反応条件が温和であり副反応も起こらないことから，合成化学的に優れている。

4・1・9 酸化的開裂反応：オゾン分解

アルケンを酸化的に切断して，2つのカルボニル化合物に変換する反応の代表的な例として，オゾン分解（ozonolysis）が知られている。例えば，(E)-3-メチル-2-ペンテンにオゾン（O_3）を作用させ，続いて酢酸中金属亜鉛で処理するか，ジメチルスルフィド（Me_2S）またはトリフェニルホスフィン（Ph_3P）で直接還元すると，2-ブタノンとアセトアルデヒドが得られる（式4-15）。では，この反応はどのように進行するのだろうか。

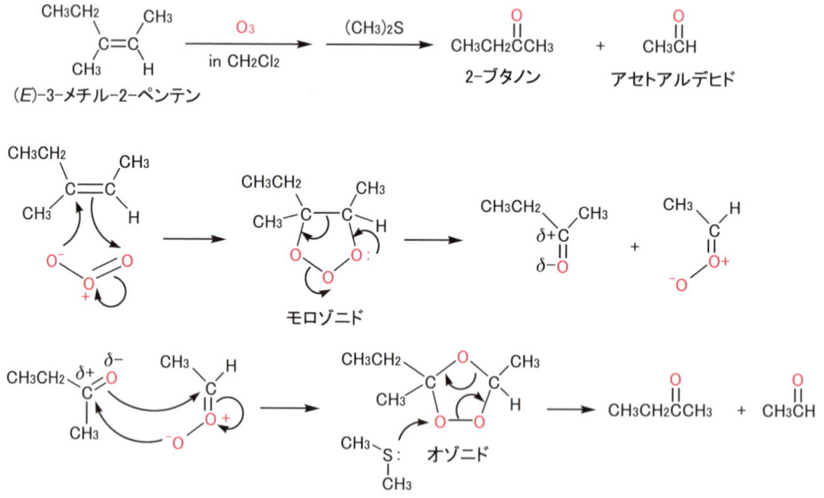

$$(4-15)$$

オゾン分解の最初の段階は二重結合に対するオゾンの求電子的な付加であり，これによりモロゾニド（molozonide）が生成する。モロゾニドの生成では，6個の電子が協奏的に移動する。次に，モロゾニドは不安定であるため，カルボニル化合物とカルボニルオキシドに分解し，これら2つの化学種が再結合しオゾニド（ozonide）を生じる。最後に，オゾニド，特に低分子量のオゾニドは爆発性があるため，単離することなく，還元剤で処理すると2種類のカルボニル化合物が得られる。

このように，種々の置換アルケンのオゾン分解を行えば，多種多様のアルデヒドやケトン類を合成することが可能である（式4-16）。

$$\text{四置換アルケン} \xrightarrow{O_3} \xrightarrow[-[O]]{\text{還元}} \text{ケトン} + \text{ケトン}$$

$$\text{三置換アルケン} \xrightarrow{O_3} \xrightarrow[-[O]]{\text{還元}} \text{ケトン} + \text{アルデヒド} \quad (4\text{-}16)$$

$$\text{二置換アルケン} \xrightarrow{O_3} \xrightarrow[-[O]]{\text{還元}} \text{アルデヒド} + \text{アルデヒド}$$

4・2 C≡C 三重結合への求電子付加反応

　C≡C三重結合は，1個のσ-結合と2個のπ-結合から形成されている．したがって，二重結合同様に電子豊富な系であり，一般的に求電子付加反応 (electrophilic addition) が起こりやすい．三重結合と二重結合との違いは，三重結合に1モルの試薬を作用させると1つのπ-結合に付加が起こり，二重結合をもった化合物に変換され，さらに残った二重結合にもう1モルの試薬が反応できる点である．

4・2・1 ハロゲン付加

　三重結合とハロゲンの反応では，トランス付加が起こり，ジハロアルケンを生成する．さらに過剰のハロゲンが反応すると，テトラハロゲン化物を生成する．例えば，2-ブチンに2分子の臭素を反応させると，2,2,3,3-テトラブロモブタンが得られる（式4-17）．

$$CH_3-C\equiv C-CH_3 \xrightarrow{Br_2} \underset{\text{}}{\overset{CH_3\quad Br}{\underset{Br\quad CH_3}{C=C}}} \xrightarrow{Br_2} CH_3-\underset{Br}{\overset{Br}{C}}-\underset{Br}{\overset{Br}{C}}-CH_3 \quad (4\text{-}17)$$

2-ブチン　　　　　　　　　　　　　　　　2,2,3,3-テトラブロモブタン

4・2・2 ハロゲン化水素付加

三重結合とハロゲン化水素の反応も，Markovnikov則に従って進行する。プロピンに1分子の臭化水素が付加すると，2-ブロモプロペンのみが生成する。さらにもう1分子の臭化水素が付加すると，1,2-ジブロモプロパンは生成せず，同じ炭素上に2個の臭素が付加した2,2-ジブロモプロパンが得られる（式4-18）。カルボカチオン中間体の安定性を考えると，カチオン（e）の方がI-効果およびR-効果によりカチオン（f）よりもはるかに安定なため，このような結果となる。

$$\text{CH}_3-\text{C}\equiv\text{CH} \xrightarrow{\text{H-Br}} \text{2-ブロモプロペン} \xrightarrow{\text{H-Br}} \text{2,2-ジブロモプロパン} \quad (4\text{-}18)$$

（e）安定なカルボカチオン　　（f）

4・2・3 水和反応

アルケンの水和反応に似たメカニズムで，水はアルキンにMarkovnikov型の付加をし，アルデヒドやケトンを生成する。エチン（アセチレン）に硫化水銀（$HgSO_4$）と硫酸を触媒として水を付加させると，エタナール（アセトアルデヒド）を生成する（式4-19）。三重結合に水が付加して生成する化合物はエノール（enol）と呼ばれ，互変異性（tautomerism）によりケト型（keto form）であるカルボニル化合物に異性化する。

互変異性

有機化合物が2種の構造異性体として存在し，それらの間に速い平衡があるとき，この現象を互変異性と呼び，それぞれの異性体を互変異性体（tautomer）と呼ぶ。この過程には，結合の開裂と生成が含まれる。ケト-エノール互変異性は，代表的な例である。

ケト（keto）⇌ エノール（enol）

$$\text{HC}\equiv\text{CH} + \text{H}_2\text{O} \xrightarrow{\text{HgSO}_4, \text{H}_2\text{SO}_4} \text{エノール} \longrightarrow \text{アセトアルデヒド} \quad (4\text{-}19)$$

アルキルアセチレン，例えば，プロピンに水が付加すると，アルデヒドではなくプロパノン（アセトン）が得られる（式4-20）。

$$\text{HC}\equiv\text{C}-\text{CH}_3 + \text{H}_2\text{O} \xrightarrow{\text{HgSO}_4, \text{H}_2\text{SO}_4} \text{エノール} \longrightarrow \text{アセトン} \quad (4\text{-}20)$$

さらに，ジアルキルアセチレン，例えば，2-ペンチンの水和反応では，2種類のケトン，すなわち2-ペンタノンと3-ペンタノンが得られる（式4-21）。

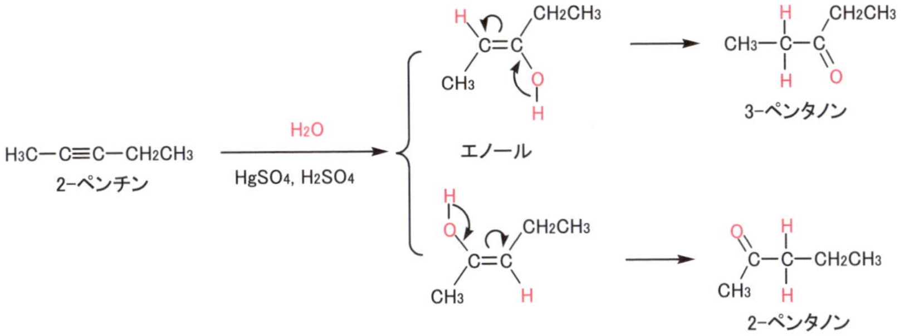

$$H_3C-C\equiv C-CH_2CH_3 \xrightarrow[\text{HgSO}_4,\ \text{H}_2\text{SO}_4]{\text{H}_2\text{O}} \begin{cases} \text{エノール} \rightarrow \text{3-ペンタノン} \\ \text{エノール} \rightarrow \text{2-ペンタノン} \end{cases} \tag{4-21}$$

4・2・4 ヒドロホウ素化‐酸化反応

末端アルキンは，アルケンと同様に逆Markovnikov型のヒドロホウ素化を受ける。ただし，ボラン（BH_3）自身を使うと2個のπ-結合ともヒドロホウ素化されてしまうので，アルケニルボランの段階で反応を停止するには，ジシクロヘキシルボランのような嵩高くて反応性の低いボランを用いる。次に，アルケニルボランを過酸化水素で処理するとエノールが生成するが，先と同様に互変異性によりアルデヒドが得られる。例えば，1-ペンチンをジシクロヘキシルボランと反応させ，続いて過酸化水素水で処理すると，ペンタナールが得られる（式4-22）。

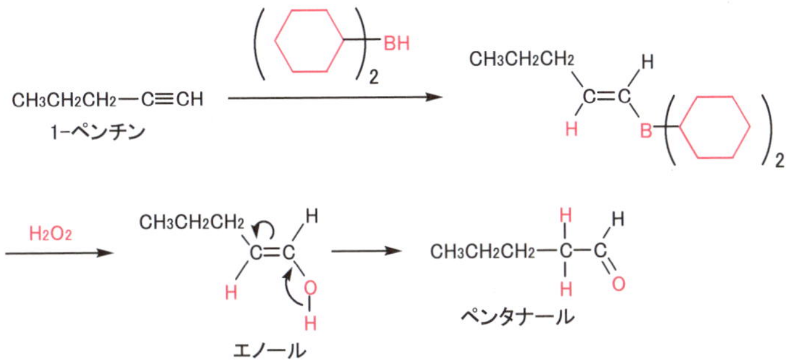

$$CH_3CH_2CH_2-C\equiv CH \xrightarrow{(C_6H_{11})_2BH} \text{アルケニルボラン} \xrightarrow{H_2O_2} \text{エノール} \rightarrow \text{ペンタナール} \tag{4-22}$$

章末問題

1. 次に示した反応について生成物を記せ。

(a) CH₃CH₂-CH=CH₂ + HBr ⟶

(b) (CH₃CH₂)(CH₃)C=CH₂ + HCl ⟶

(c) CH₃CH₂-CH=CH₂ + HOCl ⟶

(d) (CH₃)₂C=CH₂ + ICl ⟶

(e) シクロヘキセン + Br₂ ⟶

(f) (CH₃)₂C=CH₂ + H₂O —H₂SO₄→

(g) (CH₃)₂C=CH₂ + Cl₃CCO₂H —BF₃→

(h) 1-メチルシクロヘキセン —Hg(OCOCF₃)₂, CH₃OH→ —NaBH₄→

(i) CH₃CH₂-CH=CH₂ —BH₃→ —HO⁻, H₂O₂, H₂O→

(j) CH₃-CH=CH₂ + CH₃OH —H⁺→

(k) CH₃-CH=C(CH₃)₂ + Cl₂ + CH₃OH ⟶

(l) CH₃-CH=CH₂ + Br₂ + NaCl ⟶

(m) CH₃(CH₂)₇CH=CH(CH₂)₇CO₂H (cis, H,H) + OsO₄ ⟶

(n) CH₃(CH₂)₇CH=CH(CH₂)₇CO₂H (cis, H,H) —O₃→ —CH₃-S-CH₃→

(o) シクロヘキセン —O₃→ —Ph₃P→

(p) PhC≡CH + H₂O —H₂SO₄ / HgSO₄→

(q) PhC≡CH + CH₃CO₂H —H₂SO₄ / HgSO₄→

(r) CH₃CH₂-C≡C-CH₂CH₃ —BH₃→ —HO⁻, H₂O₂, H₂O→

解 答

(a) CH₃CH₂−CH−CH₃
           |
           Br

(b) CH₃CH₂−C(Cl)(CH₃)−CH₃

(c) HOClは，OとClの電気陰性度の違いから，HO⁻とCl⁺として働く。   CH₃CH₂−CH(OH)−CH₂−Cl

(d) IClは，IとClの電気陰性度の違いから，I⁺とCl⁻として働く。   CH₃−C(Cl)(CH₃)−CH₂−I

(e) シクロヘキセン + Br−Br → ブロモニウムイオン中間体 → trans-1,2-ジブロモシクロヘキサン (trans-体)

(f) (CH₃)₃C−OH

(g) (CH₃)₂C=CH₂ + BF₃(空軌道) → CH₃−C⁺(CH₃)−CH₂−BF₃⁻ →(Cl₃CCO₂H)→ CH₃−C(CH₃)₂−O−C(=O)−CCl₃

(h) 1-メトキシ-1-メチルシクロヘキサン (CH₃, OCH₃置換)

(i) CH₃CH₂−CH₂−CH₂−OH

(j) CH₃−CH(OCH₃)−CH₃

以下の2つの反応は，CH₃OHやNaClがクロロニウムイオンやブロモニウムイオンに対して求核試薬として働く例である。

(k) CH₃−CH(Cl)−C(CH₃)(OCH₃)−CH₃

(l) CH₃−CH(Cl)−CH₂−Br + NaBr

(m) *cis*-ジオールが生成する。   (n) 2種類のアルデヒドが生成する。   (o) シクロヘキサン-1,2-ジカルバルデヒド

CH₃(CH₂)₇−CH(OH)−CH(OH)−(CH₂)₇CO₂H   CH₃−(CH₂)₇−CHO + OHC−(CH₂)₇−CO₂H

(p) Ph−C(OH)=CH₂ (エノール型) → Ph−C(=O)−CH₃ (ケト型)

(q) Ph−C(O−C(=O)−CH₃)=CH₂   この場合は、*O*-アセチル体なので，ケト-エノール互変異性は起こらない。

(r) CH₃CH₂−C(OH)=CH−CH₂CH₃ ⇌ CH₃CH₂−CH₂−C(=O)−CH₂CH₃

2. 次の2つの反応の生成物を記せ。

(a) (Z)-3-ヘキセン + Br₂ ⟶

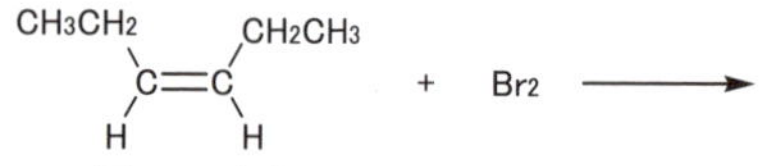

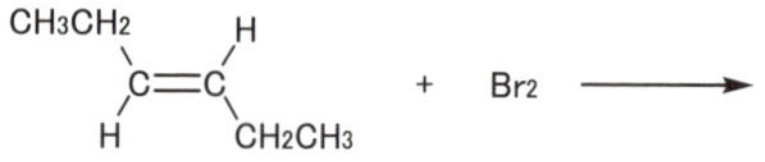

(b) (E)-3-ヘキセン + Br₂ ⟶

解 答

(Z)-3-ヘキセンからはラセミ体が，(E)-3-ヘキセンからはメソ体が生成する。

(a) ラセミ体（2つのエナンチオマーの当量混合物）

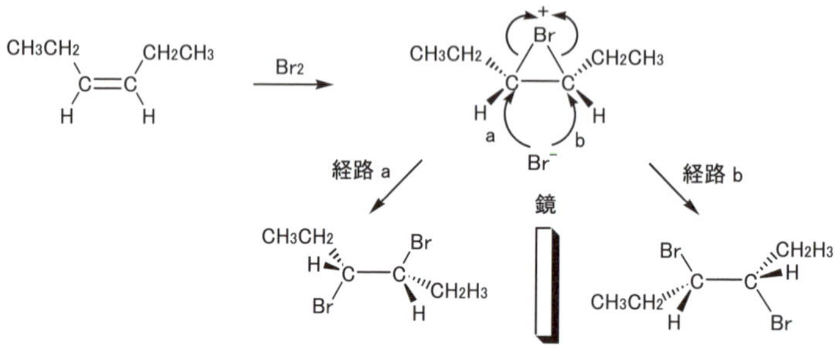

(b) メソ化合物（これら2つの化合物は，同じ化合物であり，重ね合わせることができる）

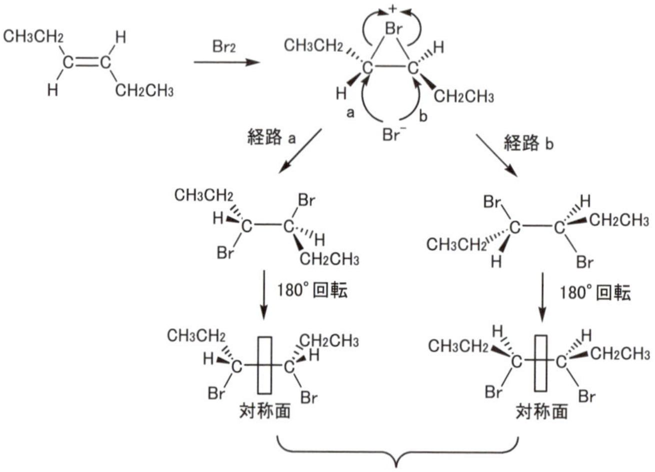

3. 次の2つの反応の生成物を記せ。

(a) 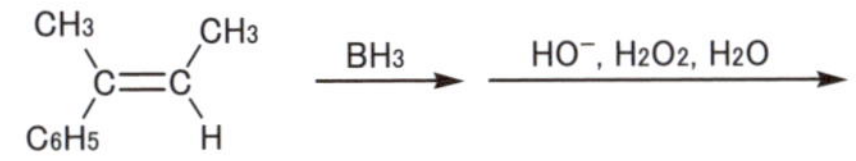 (E)-2-フェニル-2-ブテン
CH₃, C₆H₅ 側と CH₃, H 側の C=C
→ BH₃ → HO⁻, H₂O₂, H₂O →

(b) 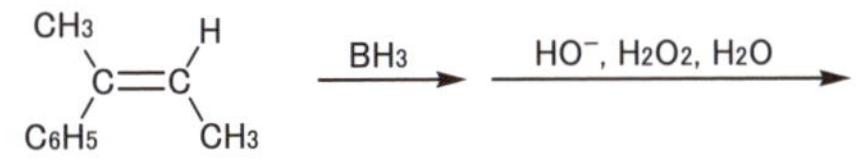 (Z)-2-フェニル-2-ブテン
→ BH₃ → HO⁻, H₂O₂, H₂O →

解 答

(E)-2-フェニル-2-ブテンからはトレオ体が，(Z)-2-フェニル-2-ブテンからはエリトロ体が生成する。

(a) 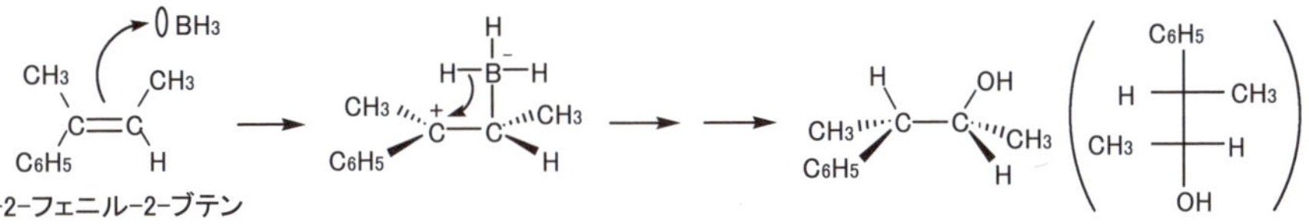 (E)-2-フェニル-2-ブテン → → → threo-3-フェニル-2-ブタノール

(b) 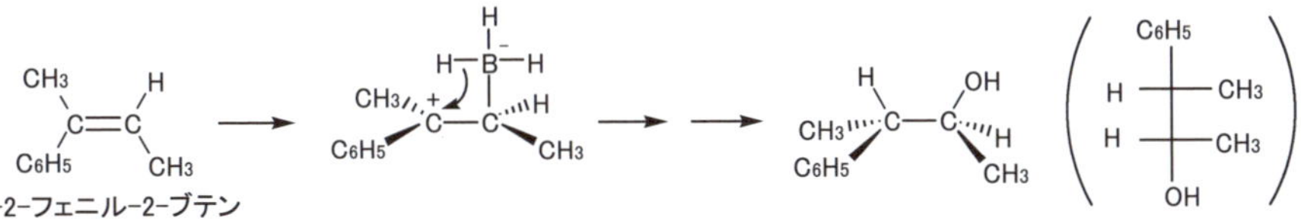 (Z)-2-フェニル-2-ブテン → → → erythro-3-フェニル-2-ブタノール

エリトロ体 (erythro form) とトレオ体 (threo form) は，2個の不斉炭素からなるジアステレオマーの相対配置を示す用語である。フィッシャー投影式で一対の同一置換基（ここではHとH，またはCH₃とCH₃）が同じ側に配置されているものをエリトロ，互いに反対側に配置されているものをトレオと呼ぶ。また，この反応は立体選択的かつ位置選択的なアルコール合成法として利用できる。

---

4. 次の2つの反応の生成物を記せ。

(a) 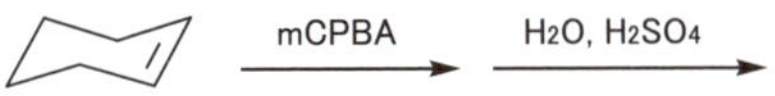 [メチルシクロヘキセン] → mCPBA → H₂O, H₂SO₄ →

(b) 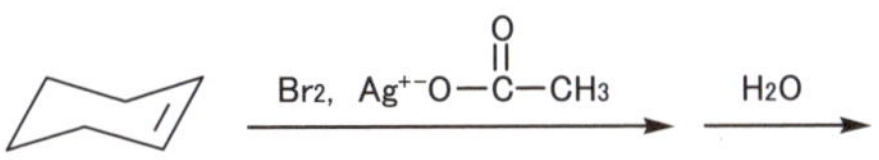 [メチルシクロヘキセン] → Br₂, Ag⁺⁻O–C(=O)–CH₃ → H₂O →

解　答

(a)の反応では *trans*-シクロヘキサン-1,2-ジオールが，(b)の反応では *cis*-シクロヘキサン-1,2-ジオールが生成する。

(a) [mCPBAによるエポキシ化後，H⁺存在下でH₂Oが背面攻撃し，*trans*-体のジオールが生成する機構図]

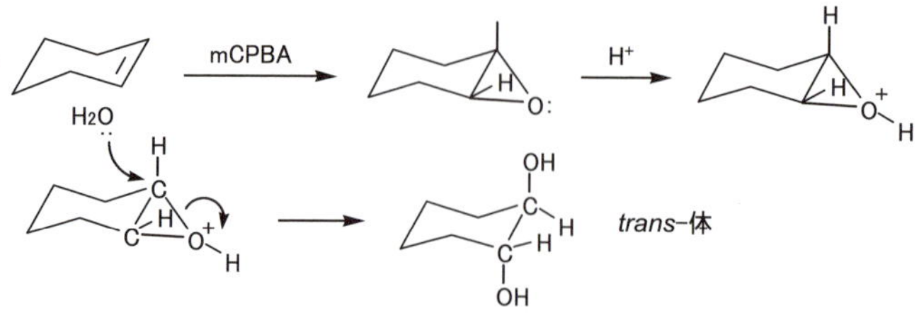

(b) [Br₂とAgOCOCH₃によりブロモニウムイオンを経てアセトキシ基が背面攻撃，続いて分子内関与により1,3-ジオキソラン型中間体を形成，H₂Oの攻撃と加水分解を経て *cis*-体のジオールが生成する機構図]

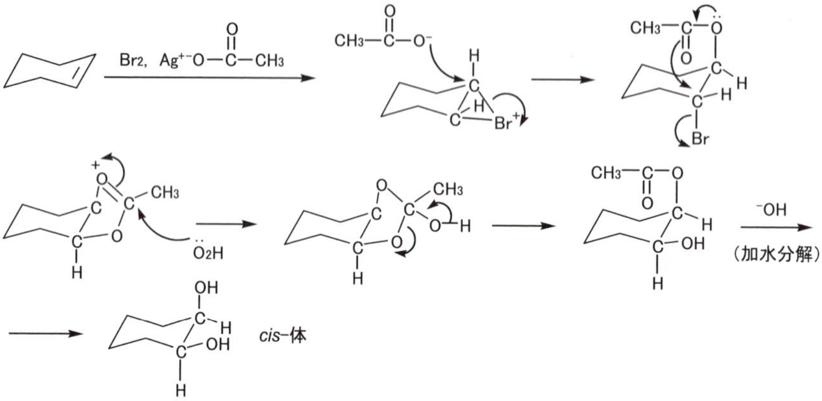

5. 次の3つの反応のメカニズムを記せ。

(a) 2-アリルフェノール → 2-メチル-2,3-ジヒドロベンゾフラン（H⁺）

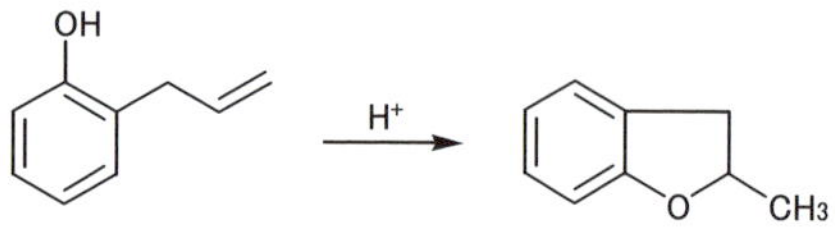

(b) 2-(4-ヒドロキシペンチル)-3,4-ジヒドロ-2H-ピラン → スピロケタール（H⁺）

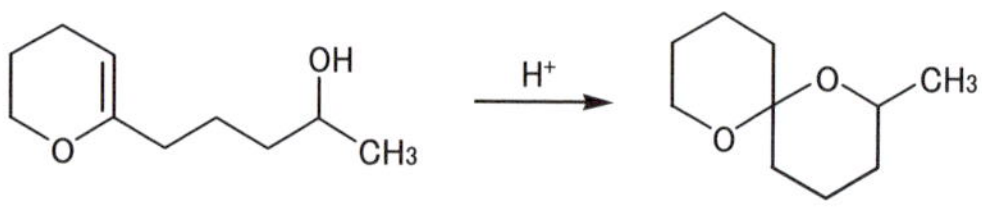

(c) 1,5-シクロオクタジエン + Br₂ → ビシクロ[4.2.0] ジブロミド

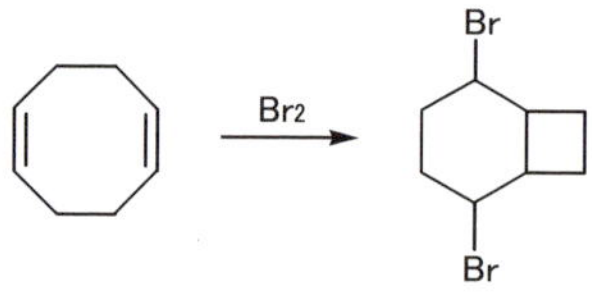

解 答

(a) [反応機構図: 2-アリルフェノールへのH+付加 → カルボカチオンの安定性比較（1級 < 2級、後者が有利）→ フェノール性OHによる環化 → −H+ → 生成物]

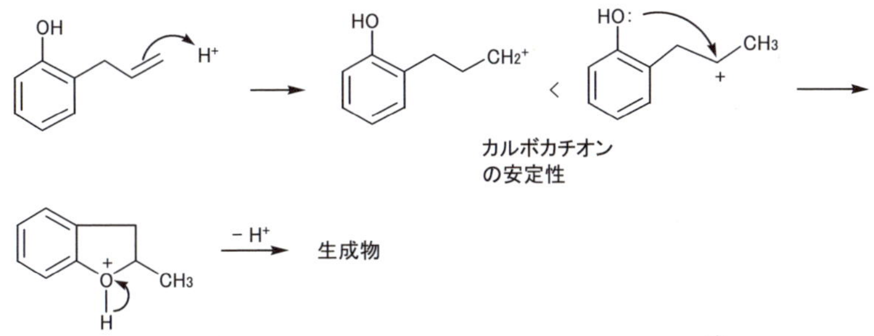

(b) [反応機構図: ジヒドロピランのビニルエーテルへのH+付加 → カルボカチオンの安定性（酸素による共鳴安定化）→ 分子内OHによる攻撃 → −H+ → スピロアセタール生成物]

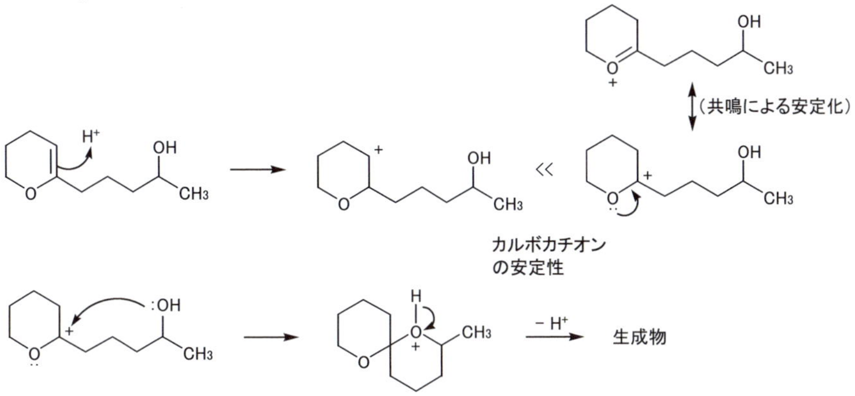

(共鳴による安定化)

(c) [反応機構図: 1,5-シクロオクタジエンへのBr2付加 → ブロモニウムイオン経由で架橋カルボカチオン生成 → Br−付加 → 生成物（ビシクロ[4.2.0]骨格）]

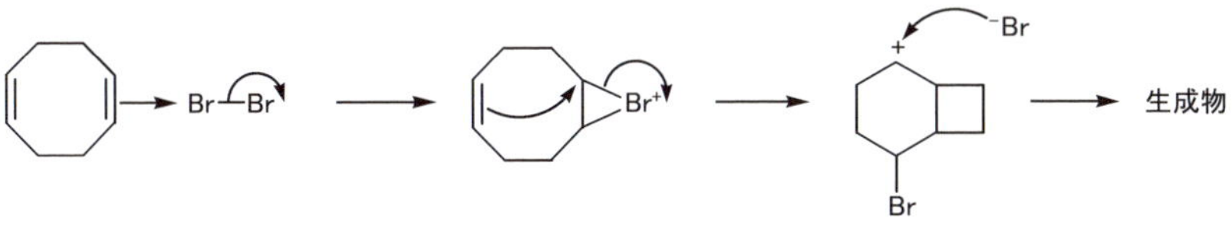

5　求核付加反応

求核付加反応 (Nucleophilic addition) は，アルデヒドやケトンに代表されるカルボニル化合物に多く見られる反応である．この章では，さまざまな求核付加反応のメカニズムについてわかりやすく解説する．

カルボニル基を形成する酸素は，炭素にくらべ電気陰性度が大きいため，$C=O$ 結合を形成する電子は酸素原子の方へ吸引され，その結果，カルボニル炭素は $\delta+$ にカルボニル酸素は $\delta-$ に分極する（図 5·1）．実際に，アルデヒドもケトンも 2.25-2.8 D の双極子モーメント (dipole moment) をもつことから，分極構造は支持されている．

双極子モーメント

双極子モーメントは，電荷 $+q$ が $-q$ と r だけ離れているとき，$-q$ を始点として $+q$ の位置に向かう大きさ qr のベクトルとして表され，分子の分極の大きさの尺度として用いられる．

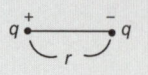

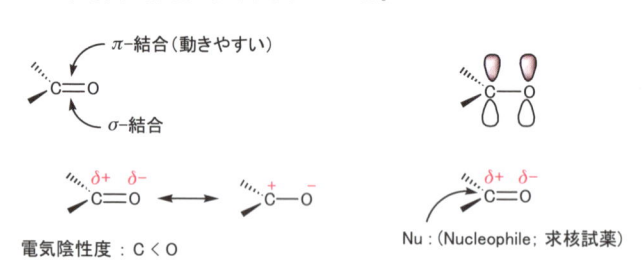

図 5·1

5·1　金属水素化物との反応

金属水素化物

金属と水素が化合した物質の総称．$LiAlH_4$, $NaBH_4$, $LiBH_4$, BH_3 などは有機合成で汎用される典型的な金属水素化物である．

金属水素化物 (metal hydride) の代表例に，水素化アルミニウムリチウム ($LiAlH_4$: lithium aluminum hydride) と水素化ホウ素ナトリウム ($NaBH_4$: sodium borohydride) がある．これらの試薬はカルボニル化合物を還元し，対応するアルコールに変換する際によく用いられる．この還元反応は，どのように進行するのだろうか．

LiAlH$_4$ は Li$^+$ と AlH$_4^-$ に解離している。したがって,ヒドリドイオン(H$^-$; hydride ion)がカルボニル炭素を求核的に攻撃し,水素化アルコキシアルミニウムリチウム (a) が生成する。(a) は3個の水素をもつアニオンであるため,さらに3モルのケトンと反応してアルコラート(b)が生成する。(b) の酸加水分解によりアルコールが生じる(式5-1)。この一連の反応からわ

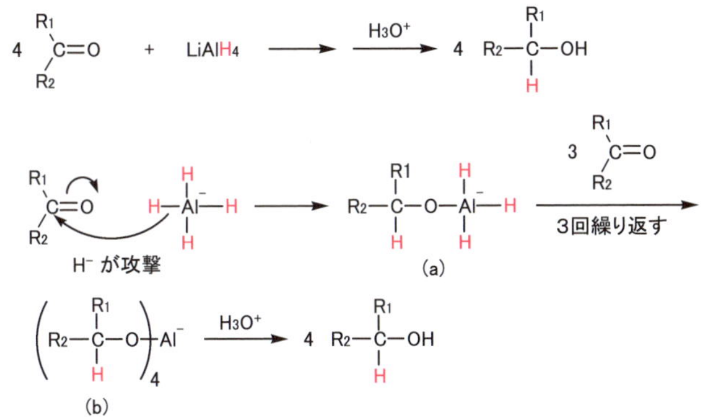

$$\text{(式 5-1)}$$

かるように,1モルの LiAlH$_4$ から4モルのアルコールが生成する。また,アルデヒドからは一級アルコールが,ケトンからは二級アルコールが生成する。エステルの還元の場合は,アルデヒドやケトンの場合とは多少ことなる。まず,ヒドリドイオンがエステルのカルボニル炭素を求核的に攻撃するが,この後 OR$_2$ が脱離してアルデヒドが生じる。このアルデヒドをもう一度ヒドリドイオンが攻撃し,水素化アルコキシアルミニウムリチウム (c) が生成する。同じ反応をもう一度繰り返すとアルコラートが生じ,最後に加水分解することによりアルコールが得られる(式5-2)。この一連の反応から,1モルの LiAlH$_4$ から2モルのアルコールが生成することがわかる。

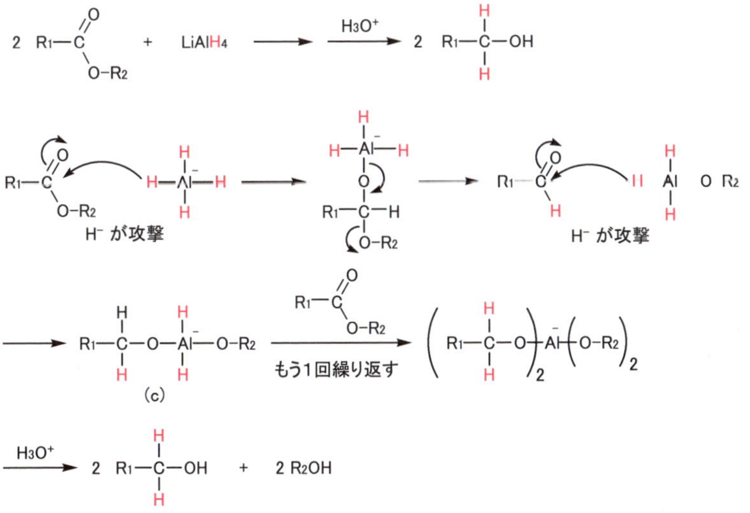

$$\text{(式 5-2)}$$

LiAlH$_4$ は，非常に反応性が高いため，式 (5-3) に示したように，1) カルボン酸 → 一級アルコール，2) シアノ化合物 → 一級アミン，3) オキシム → ヒドロキシルアミン，4) アミド → アミン，5) ニトロ化合物 → 一級アミン，6) エポキシド → アルコール，7) ジスルフィド → チオールなどに変換することができる。

$$
\begin{aligned}
&\text{カルボン酸} && R-\underset{OH}{\overset{O}{C}} && + \text{ LiAlH}_4 \longrightarrow R-\underset{H}{\overset{H}{C}}-OH \\
&\text{シアノ化合物} && R-C\equiv N && + \text{ LiAlH}_4 \longrightarrow R-\underset{H}{\overset{H}{C}}-NH_2 \\
&\text{オキシム} && R-\underset{R}{\overset{N-OH}{C}} && + \text{ LiAlH}_4 \longrightarrow R-\underset{H}{\overset{R}{C}}-NH-OH \\
&\text{アミド} && R-\underset{NH_2}{\overset{O}{C}} && + \text{ LiAlH}_4 \longrightarrow R-\underset{H}{\overset{H}{C}}-NH_2 \\
&\text{ニトロ化合物} && R-NO_2 && + \text{ LiAlH}_4 \longrightarrow R-NH_2 \\
&\text{エポキシド} && \triangle && + \text{ LiAlH}_4 \longrightarrow H-\underset{H}{\overset{H}{C}}-\underset{H}{\overset{H}{C}}-OH \\
&\text{ジスルフィド} && R-S-S-R && + \text{ LiAlH}_4 \longrightarrow 2\ R-S-H
\end{aligned}
\qquad (5\text{-}3)
$$

5・2 グリニャール反応 (Grignard reaction)

Grignard 反応に用いられる Grignard 試薬 (Grignard reagent) は，RMgX (R は炭化水素基，X はハロゲン) の一般式をもつ有機マグネシウム化合物の総称である。一般的には，ハロゲン化アルキルと金属 Mg を無水エーテル中で反応させることにより，容易に調製できる。Grignard 試薬は，カルボニル化合物と反応して，新たに C-C 結合を形成する。では，反応はどのように進行するのだろうか。

R と Mg の電気陰性度を考慮すると，R$^{\delta-}$-$^{\delta+}$MgX のような分極構造をとる。したがって，形式的には R$^-$ がカルボニル炭素を求核的に攻撃し，マグネシウムの塩が生成する。最後に，この塩の酸加水分解を行うと，アルコールが生成する (式5-4)。この反応のメカニズムからわかるように，ホルム

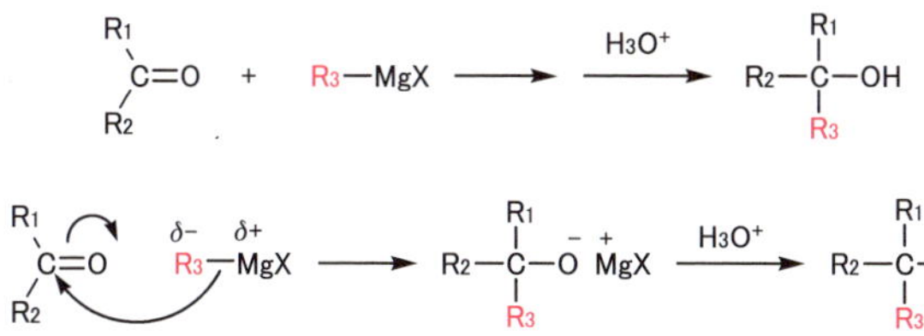

$$\begin{CD} \underset{R_2}{\overset{R_1}{C}}=O + R_3-MgX @>{H_3O^+}>> \underset{R_3}{\overset{R_1}{\underset{|}{\overset{|}{C}}}}-OH \\ R_2 \end{CD} \tag{5-4}$$

アルデヒドとの反応では一級アルコールが，それ以外のアルデヒドとの反応では二級アルコールが，ケトンとの反応では三級アルコールが生成する（式5-5）。

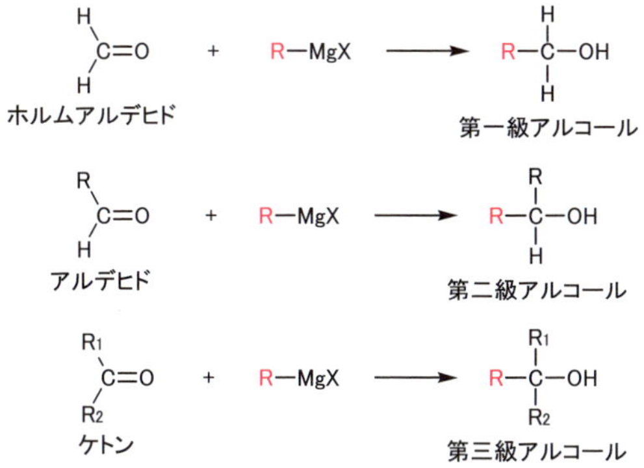

ホルムアルデヒド + R—MgX → 第一級アルコール

アルデヒド + R—MgX → 第二級アルコール (5-5)

ケトン + R—MgX → 第三級アルコール

エステルとの反応の場合は，2モルのGrignard試薬が反応して，対応するアルコールが生成する。R_3^- がカルボニル炭素を求核的に攻撃した後に，OR_2 が脱離していったんケトンが生じる。このケトンをさらに R_3^- が攻撃し，生じた塩を酸加水分解するとアルコールが生成する（式5-6）。

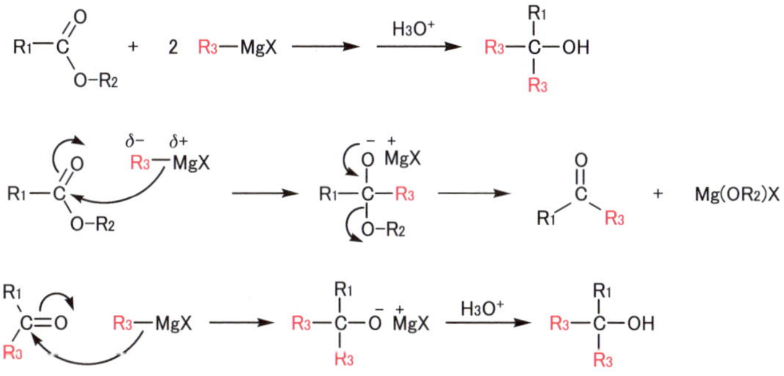

$$\tag{5-6}$$

> **加水分解**
>
> 結合切断の1つの形式で，一般的には，1つの結合が切断されるときその結合がイオン的に開裂し，水分子 H_2O が H^+ と ^-OH に分かれて付加する反応をいう。

式（5-7）に示したように，Grignard反応は，カルボニル化合物だけでなく，さまざまな官能基をもつ化合物と反応することから，有機合成上最も重要な反応の1つになっている。

・二酸化炭素との反応

R—MgX + CO₂ ⟶ R—CO₂MgX ⟶ R—CO₂H

・シアノ化合物との反応

R—MgX + R₁—CN ⟶ RR₁C=NMgX ⟶ R—CO—R₁

・酸塩化物との反応

R—MgX + R₁—COCl ⟶ R—CO—R₁

・アミドとの反応

R—MgX + R₁—CO—N'R₂ ⟶ RR₁C(OMgX)N'R₂ ⟶ R—CO—R₁   (5-7)

・エポキシドとの反応

R—MgX + (エポキシド) ⟶ R—CH₂—CH₂—OMgX ⟶ R—CH₂—CH₂—OH

・アセチレン化合物との反応

R—MgX + R₁—C≡CH ⟶ R—H + R₁—C≡CMgX

・ハロゲン化物との反応

R—MgX + R₁—X ⟶ R—R₁ + MgX₂

　Grignard試薬と同様な反応をする試薬に，有機リチウム試薬（organolithium reagent）がある。有機リチウム試薬は RLi の一般式で表され，一般的にはハロゲン化アルキルと金属リチウムから調製される。R と Li の電気陰性度を考慮すると，$R^{\delta-}$-$^{\delta+}Li$ のような分極構造をとる。したがって，Grignard試薬と同様に，形式的には R^- がカルボニル炭素を求核的に攻撃し，リチウムの塩が生成し，最後にこの塩を酸加水分解することによりアルコールが生成する（式5-8）。

$$R_1R_2C=O + R_3-Li \longrightarrow R_2\underset{R_3}{\overset{R_1}{C}}-O^-Li^+ \xrightarrow{H_3O^+} R_2\underset{R_3}{\overset{R_1}{C}}-OH$$

$$R_1-\underset{O-R_2}{\overset{O}{C}} + 2\,R_3-Li \longrightarrow R_3\underset{R_3}{\overset{R_1}{C}}-O^-Li^+ \xrightarrow{H_3O^+} R_3\underset{R_3}{\overset{R_1}{C}}-OH$$

(5-8)

5・3　ウィッティッヒ反応（Wittig reaction）

　Wittig 反応は，アルデヒドやケトンを対応するアルケン類に変換する反応であり，有機合成化学的に重要な反応である。では，この反応はどのように進行するのだろうか。

　まず，トリフェニルホスフィン（triphenylphosphine）にハロゲン化アルキルを反応させ，ホスホニウム塩 (d) を調製する。この反応は，リンの非

共有電子対がハロゲン化アルキルの中心炭素を求核的に攻撃する S_N2 反応である。次に，ホスホニウム塩 (d) に BuLi や Bu^tOK のような強塩基を作用させると，リンイリド（phosphonium ylide）(e) が生成する。このイリド (e) とカルボニル化合物が反応すると，付加反応が起こり不安定なベタイン (f) (betaine)，オキサホスフェタン (g) をへて，アルケンが生成する（式5-9）。最後の四員環の開裂は，強いリン－酸素二重結合の生成が駆動力となって進行する。生成するアルケンの立体化学は，反応性に富むイリドを用いた場合は，優先的に (Z)-アルケンが生成する。

> **イリド**
>
> 正に荷電したリン，イオウ，窒素などの原子と隣接している炭素アニオンをもつ化合物をイリドと呼ぶ。分子全体としては電気的に中性である。リンイリド，硫黄イリド，スルホオキソニウムイリド，窒素イリドなどが知られている。
>
> $R_3P^+-CH_2^- \longleftrightarrow R_3P=CH_2$
> リンイリド
>
> $R_2S^+-CH_2^- \longleftrightarrow R_2S=CH_2$
> 硫黄イリド
>
> $\underset{\underset{O}{\|}}{R_2S^+}-CH_2^- \longleftrightarrow \underset{\underset{O}{\|}}{R_2S}=CH_2$
> スルホオキソニウムイリド
>
> $R_3N^+-CH_2^- \longleftrightarrow R_3N=CH_2$
> 窒素イリド

> **ベタイン**
>
> 分子内にカチオンとアニオンをもつが，イリドと違って，それらが隣接位にない場合，それらの物質をベタインと呼ぶ。

5・4 カニッツァロ反応 (Cannizzaro reaction)

2 分子のアルデヒドに水酸化アルカリを作用させると，不均化反応 (disproportionation) が起こり，対応するアルコールとカルボン酸が生成する。この反応は，Cannizzaro 反応と呼ばれる。この反応では，酸化反応（カルボン酸の生成）と還元反応（アルコールの生成）が同時に起こる点が興味深い。では，どのように反応は進行するのだろうか。

まず，^-OH がアルデヒドのカルボニル炭素を求核的に攻撃し，化合物 (h) が生成する。続いて，ヒドリドイオンがもう 1 分子のカルボニル炭素を攻撃し，安息香酸とベンジルアルコールのアルカリ塩が生成する。安息香酸の pKa 4.2 とベンジルアルコールの pKa 約 16 を考慮すると，反応系中では

安息香酸のアルカリ塩とベンジルアルコールで存在している。安息香酸のアルカリ塩は，反応溶液を酸性にすることで，安息香酸として取り出すことができる（式5-10）。

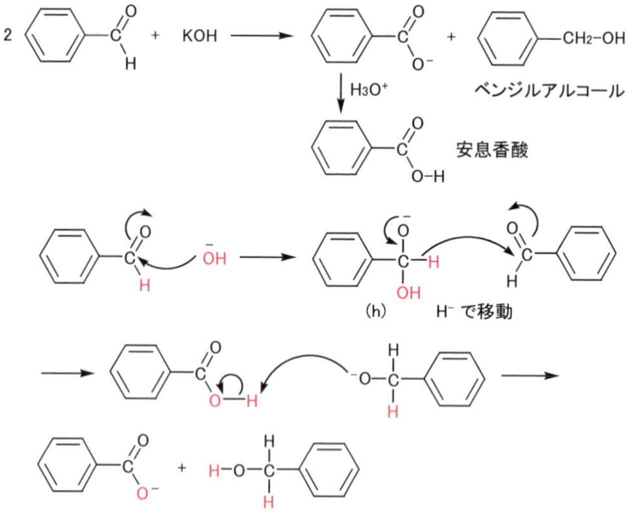

$$2\ \text{PhCHO} + \text{KOH} \longrightarrow \text{PhCOO}^- + \text{PhCH}_2\text{-OH}$$

ベンジルアルコール

$$\downarrow \text{H}_3\text{O}^+$$

安息香酸 (PhCOOH)

(5-10)

2種類のα-位に水素原子をもたない芳香族アルデヒドやホルムアルデヒドを用いてこの反応を行った場合は，交差カニッツァロ反応（crossed Cannizzaro reaction）と呼ばれる。実用的には，ホルムアルデヒドを用いた芳香族アルデヒドの還元に応用されている。

5・5 ベンゾイン縮合 (Benzoin condensation)

2分子の芳香族アルデヒドを，触媒としてシアン化ナトリウム（sodium cyanide）の存在下で反応を行うと，ベンゾインが生成する。この反応は，Benzoin 縮合と呼ばれる。では，どのように反応は進行するのだろうか。

まず，⁻CN がアルデヒドのカルボニル炭素を求核的に攻撃しシアノヒドリン（cyanohydrin）のアニオン (i) が生成する。強力な電子求引基であるシアノ基の I- 効果により C-H 結合の酸性度が高くなるだけでなく，生成したカルボアニオン (j) は CN との共鳴によりアニオンの非局在化が可能になるため，アニオンが生成しやすくなっている。このカルボアニオン (j) は，もう1分子のベンズアルデヒドのカルボニル炭素を攻撃する。最後に，優れた脱離基でもある CN が脱離して，ベンゾインが生成する（式5-11）。

> **シアノヒドリン**
>
> 分子内に水酸基 -OH とシアノ基 -CN をもつ有機化合物の総称。

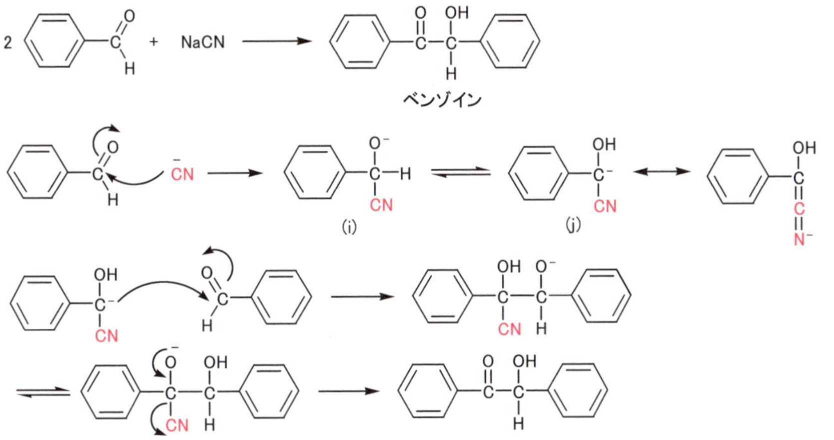

$$2 \; \text{PhCHO} + \text{NaCN} \longrightarrow \text{ベンゾイン} \tag*{}$$

(5-11)

5・6 活性メチレン化合物との反応

　カルボニル基の α-位の炭素に結合した水素は，相当する脂肪族炭化水素に結合した水素にくらべ，はるかにプロトンを放出しやすいことが知られている。これは，生成したカルボアニオン (carbanion) がエノラートイオン (enolate ion) との共鳴により，アニオンの非局在化が可能であり，アニオンを安定化できるためである (図5・2)。-CH_2-に2個のカルボニル基また

図5・2

は電子求引基が置換したものは，活性メチレン (active methylene) と呼ばれ，求核試薬に対する高い反応性をもつ。したがって，カルボアニオンは，カルボニル炭素を求核的に攻撃し，C－C 結合を形成する反応が数多く知られている。

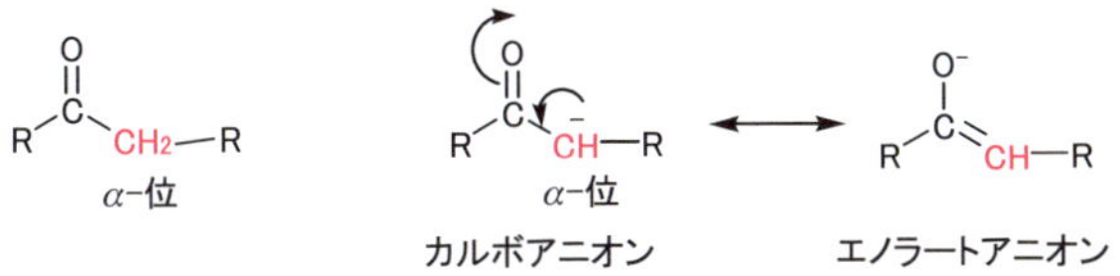

5・6・1 アルドール縮合 (aldol condensation)

　2分子のアセトアルデヒドを水酸化ナトリウム水溶液の存在下で反応させると，3-ヒドロキシブタナールが生成する。この反応は，アルドール縮合 (aldol condensation) と呼ばれる。3-ヒドロキシブタナールは，別名アルドール (aldol: *ald*ehyde＋*ol*) とも呼ばれる。このブタナールは，加熱す

ると容易に水分子が脱離し，クロトンアルデヒドが生成する（式5-12）。

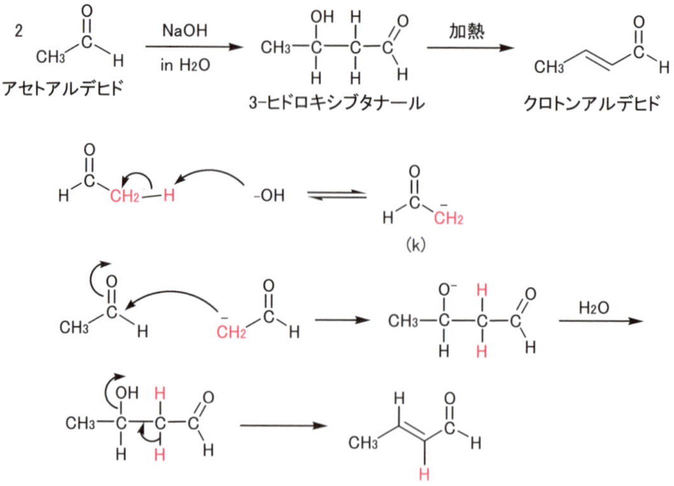

$$2\ \underset{\text{アセトアルデヒド}}{CH_3CHO} \xrightarrow[\text{in } H_2O]{NaOH} \underset{\text{3-ヒドロキシブタナール}}{CH_3CH(OH)CH_2CHO} \xrightarrow{\text{加熱}} \underset{\text{クロトンアルデヒド}}{CH_3CH=CHCHO}$$

(5-12)

では，この反応はどのように進行するのであろうか。

まず，塩基である ^-OH の作用により，少量のカルボアニオン (k) が生成する。このアニオンは，反応溶液中ではアセトアルデヒド分子に囲まれているため，求核的にカルボニル炭素を攻撃し，アニオンのプロトン化によりアルドールが生成する。このアルドールは，加熱すると分子内脱水反応が起こり，α, β-不飽和アルデヒド（α, β-unsaturated aldehyde）であるクロトンアルデヒドが得られる。

アルドール縮合のうち，2種類のアルデヒドを用いた反応は，交差アルドール縮合（cross-aldol condensation）と呼ばれる。一般に，α-位に水素をもつ2種類のアルデヒドを用いた場合は，カルボアニオンの選択的な生成が困難なため，4種類の縮合生成物が得られてしまう。これに対して，一方のアルデヒドに α-位水素をもたないアルデヒドを用いれば，アルドール縮合はうまく進行する。例えば，アセトアルデヒドとベンズアルデヒドの反応を水酸化ナトリウム水溶液の存在下で行うと，芳香族 α, β-不飽和アルデヒドであるシンナムアルデヒド（cinnamaldehyde）が生成する（式5-13）。

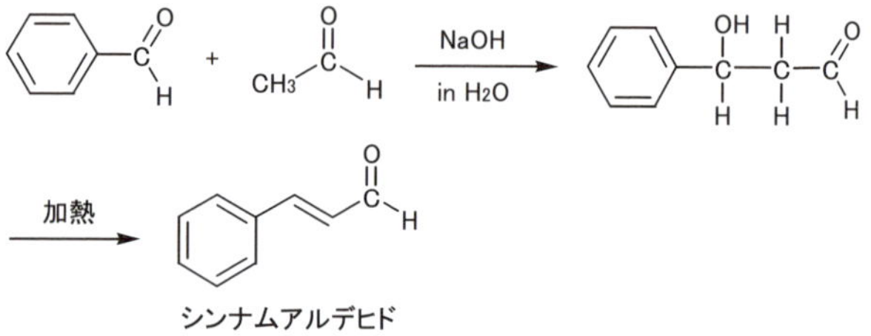

(5-13)

5・6・2 分子内アルドール縮合 (intramolecular aldol condensation)

2個のカルボニル基を1分子中にもつアルデヒドやケトンでは，分子内アルドール縮合が進行し，環状化合物を与える。では，この反応はどのように進行するのだろうか。

ヘキサンジアールを水酸化ナトリウム水溶液中で反応させると，生成した少量のカルボアニオンが分子末端のカルボニル炭素を求核的に攻撃し，脱水反応を経て，安定な五員環アルデヒドである1-シクロペンテンカルボアルデヒドが生成する（式5-14）。カルボアニオンは，分子末端のカルボニ

(5-14)

ル炭素を攻撃する可能性（分子内反応）と，もう1分子のカルボニル炭素を攻撃する可能性（分子間）がある。分子内反応は，分子間反応にくらべエントロピー的に有利であるため，はるかに起こりやすい。

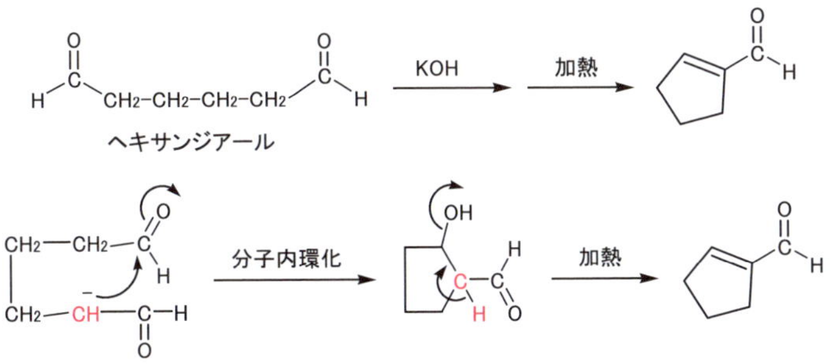

5・6・3 クライゼン縮合 (Claisen condensation)

2分子のカルボン酸エステルをナトリウムアルコキシドなどの強塩基存在下で反応させると，自己縮合し，β-ケトエステルが生成する。この反応は，Claisen縮合と呼ばれる。では，この反応はどのように進行するのだろうか。

酢酸エチルに$C_2H_5O^-$が作用してカルボアニオンが生成する。このアニオンは，もう1分子のエステルのカルボニル炭素を求核的に攻撃し，さらにエトキシドイオンが脱離し，アセト酢酸エチルが生成する（式5-15）。

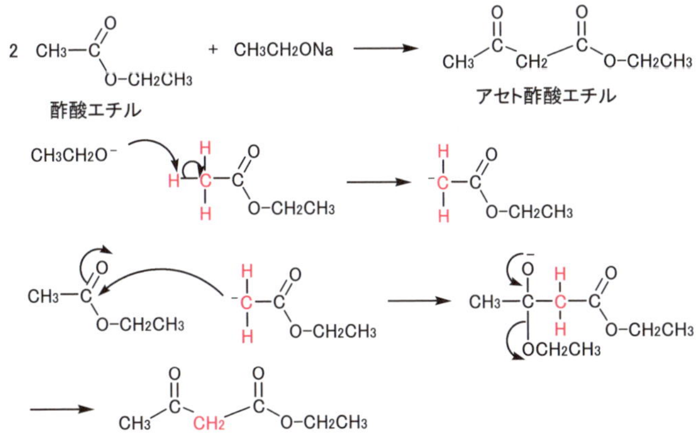

(5-15)

5・6・4 ディークマン縮合 (Dieckmann condensation)

分子内に2個のエステル官能基をもつ分子をナトリウムアルコキシドなどの強塩基存在下で反応させると，シクロアルカンカルボン酸エステルが生成する。この反応は，Dieckmann縮合と呼ばれる。では，この反応はどのように進行するのだろうか。

まず，アジピン酸ジエチルに$C_2H_5O^-$が作用してカルボアニオンが生成する。このアニオンが，分子末端のエステルのカルボニル炭素を求核的に攻撃し環化が起こり，続いてエトキシドイオンの脱離反応が起こると，対応するシクロペンタノンカルボン酸エチルが生成する (式5-16)。ジカルボン

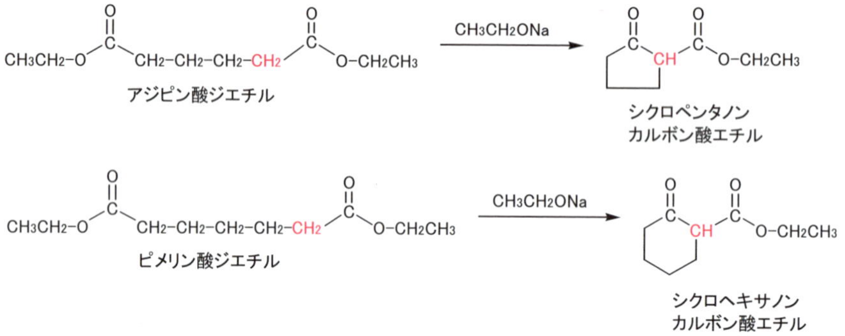

$$(5\text{-}16)$$

酸エステルとして，ピメリン酸ジエチルを用いた場合も同様な反応が進行し，シクロヘキサノンカルボン酸エステルが生成する。このDieckmann縮合では，環化して安定な五員環や六員環が生成する場合は高収率で進行するが，中員環や小員環の場合は環の歪みのため，一般的に単離収率は低い。

5・7 C＝C 二重結合に対する求核付加反応

C＝C二重結合に対する求電子付加反応については，第4章で詳しく解説した。C＝C二重結合は，一般的に電子豊富な系であるが，二重結合に電子求引基が置換すると，求核付加反応が可能となる。その代表例がマイケル付加反応 (Michael addition) であり，α,β-不飽和アルデヒド，α,β-不飽和ケトン，α,β-不飽和エステルなどのα,β-不飽和カルボニル化合物とカルボアニオンの反応において見られる。それでは，なぜC＝C二重結合をもつにもかかわらず求核付加反応が起こるのだろうか。それは，二重結合に電子求引性のカルボニル基が置換したα,β-不飽和カルボニル化合物では，図5・3に示したような共鳴の寄与が大きく，結果として，二重結合の

末端の炭素が正に帯電するためである。

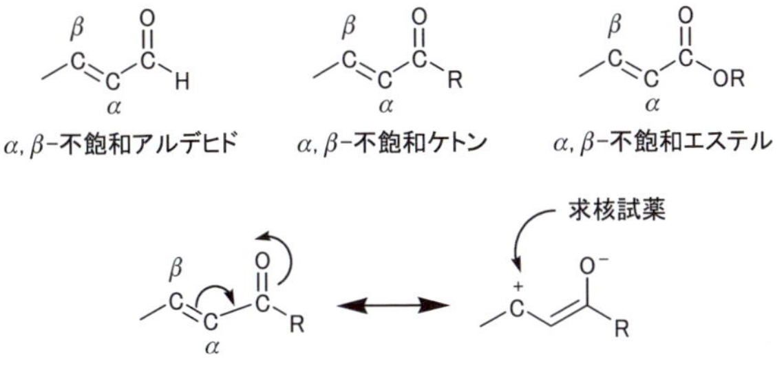

α, β-不飽和アルデヒド　　α, β-不飽和ケトン　　α, β-不飽和エステル

図 5·3

具体的には，クロトン酸エチルとニトロメタンを C_2H_5ONa 存在下で反応させると 3-メチル-4-ニトロブタン酸エチルが得られる（式 5-17）。では，この反応はどのように進行するのだろうか。

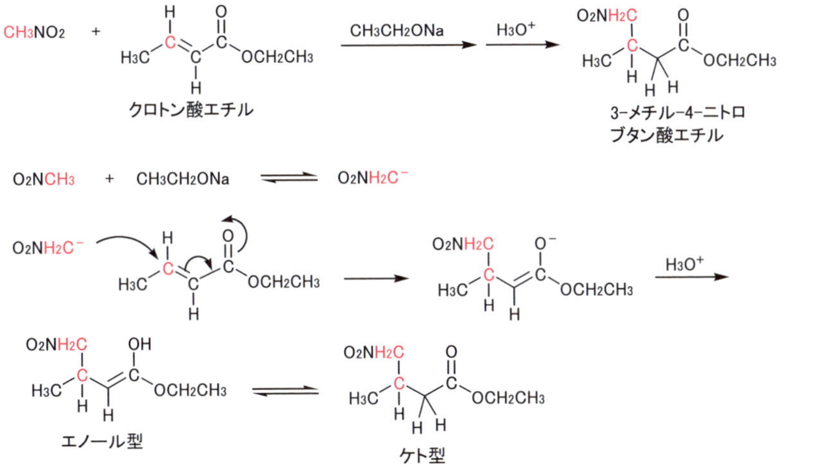

$$(5\text{-}17)$$

ニトロメタンに強塩基である C_2H_5ONa が作用してカルボアニオンが生成し，これがクロトン酸エチルの二重結合の末端の炭素を求核攻撃し，3-メチル-4-ニトロブタン酸エチルが得られる。ニトロメタンのかわりにマロン酸ジエチル，アセト酢酸エチル，シアノ酢酸エチルなどの活性メチレン化合物を用いれば，種々のブタン酸エチル誘導体を合成することができる（式 5-18）。

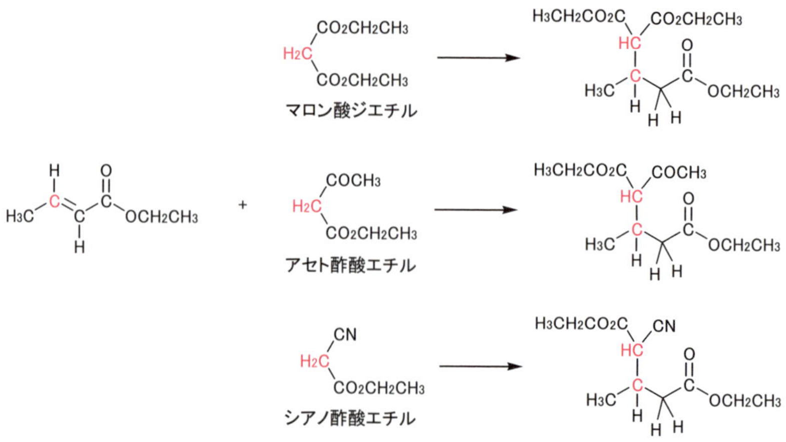

(5-18)

このように，Michael付加反応はC-C結合形成によりさまざまな官能基をもった化合物の合成が可能であり，大変有用な反応である。

章末問題

1. 次に示した反応について生成物を記せ。

(a) C₆H₅-CH₂-CHO + LiAlH₄ ⟶ H₃O⁺ ⟶

(b) C₆H₅-CH=CH-CHO + LiAlH₄ ⟶ H₃O⁺ ⟶

(c) CH₃-CO-CH₂CH₂CO₂CH₃ + NaBH₄ ⟶ H₃O⁺ ⟶

(d) O₂N-CH₂CH₂-CHO + NaBH₄ ⟶ H₃O⁺ ⟶

(e) C₆H₅-CO-CH₃ + CH₃MgI ⟶ H₃O⁺ ⟶

(f) C₆H₅-CO-OCH₃ + CH₃MgI ⟶ H₃O⁺ ⟶

(g) C₆H₅-CO-CH₃ + C₆H₅Li ⟶ H₃O⁺ ⟶

(h) CH₃CHO + BrZnCH₂CO₂CH₂CH₃ ⟶ H₃O⁺ ⟶

(i) C₆H₅-CHO + HO-CH₂CH₂-OH ⟶ (CH₃-C₆H₄-SO₃H) ⟶

(j) シクロヘキサノン + NaCN ⟶ 濃HCl ⟶

(k) シクロヘキサノン + (C₆H₅)₃P⁺-CH₃ Br⁻ ⟶ BuLi ⟶

(l) CH₃(CH₂)₄-CHO + (C₆H₅)₃P⁺-CH₂CH₂CH₂CH₃ Br⁻ ⟶ BuᵗOK ⟶

(m) シクロペンタノン + H₂N-CH₂CH₂CH₃ ⟶ H⁺(触媒量) ⟶

(n) シクロペンタノン + H₂N-OH ⟶ H⁺(触媒量) ⟶

(o) シクロペンタノン + 2,4-(O₂N)₂C₆H₃-NH-NH₂ ⟶ H⁺(触媒量) ⟶

(p) シクロペンタノン + H₂N-NH-CO-NH₂ ⟶ H⁺(触媒量) ⟶

(q) シクロペンタノン + ピロリジン(H-N) ⟶ H⁺(触媒量) ⟶

解 答

(a) Ph-CH₂-CH₂-OH

(b) LiAlH₄は，C=Oは還元するが，C=Cは還元しない。そのため不飽和アルコールの合成に利用される。

Ph-CH=CH-CH₂-OH

NaBH₄は，LiAlH₄より還元力が弱く，アルデヒドおよびケトンのみを還元することができる。

(c) CH₃-CH(OH)-CH₂CH₂CO₂CH₃

(d) O₂N-CH₂CH₂-CH₂-OH

(e) Ph-C(OH)(CH₃)(CH₃) [2-フェニル-2-プロパノール]

(f) Ph-CH(OH)-CH₃

(g) Ph₂C(OH)-CH₃

(h) この反応はレフォルマトスキー反応 (Reformatsky reaction) と呼ばれ，β-位にヒドロキシル基（水酸基）をもつエステルの合成に利用される。

Zn + BrCH₂CO₂CH₂CH₃ ⟶ BrZn$^{\delta+}$—CH₂CO₂CH₂CH₃$^{\delta-}$

CH₃CHO + BrZn$^{\delta+}$—CH₂CO₂CH₂CH₃$^{\delta-}$ ⟶ CH₃-CH(O-ZnBr)-CH₂CO₂CH₂CH₃ $\xrightarrow{H_3O^+}$ CH₃-CH(OH)-CH₂CO₂CH₂CH₃

(i) この反応は，カルボニル基の保護によく用いられる。

CH₃-C₆H₄-SO₃H は，代表的な有機酸である。

[mechanism of acetal formation from benzaldehyde and ethylene glycol, showing protonation, addition of HOCH₂CH₂OH, −H⁺, +H⁺, −H₂O, and cyclization to give the 1,3-dioxolane of benzaldehyde]

(j) 1-シアノシクロヘキサノール (cyclohexane with OH and CN on same carbon)

(k) メチレンシクロヘキサン (cyclohexane=CH₂)

(l) Wittig 反応では，反応が立体選択的に進行することは少なく，Z-体とE-体の混合物が生成する。

CH₃(CH₂)₄\C=C/(CH₂)₂CH₃ (H, H) + CH₃(CH₂)₄\C=C/H (H, (CH₂)₂CH₃)   Z : E = 6 : 1

Z-体   E-体

(m) [反応機構：シクロペンタノン + H₂N-CH₂CH₂CH₃ → イミン形成の段階的機構]

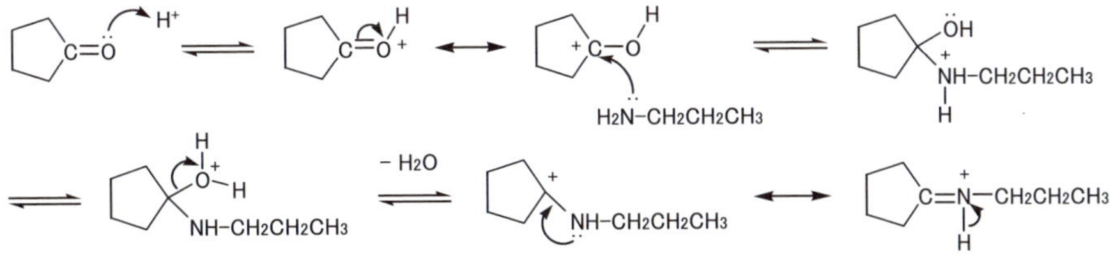

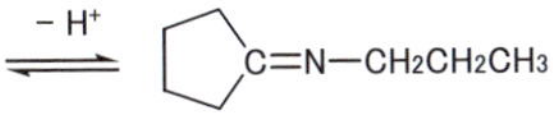

カルボニル化合物と第一級アミンから得られるイミンは，しばしばシッフ塩基(Schiff base)と呼ばれる。

イミン

(n)から(p)の反応は，(m)と類似の反応メカニズムで進行する。

(n) オキシム (C=N-OH)

(o) 2,4-ジニトロフェニルヒドラゾン

(p) セミカルバゾン

(q)の反応もまた，(m)と類似の反応メカニズムで進行するが，第二級アミンであるため最後の段階でα-位のHが脱離し，エナミン(enamine)が生成する。

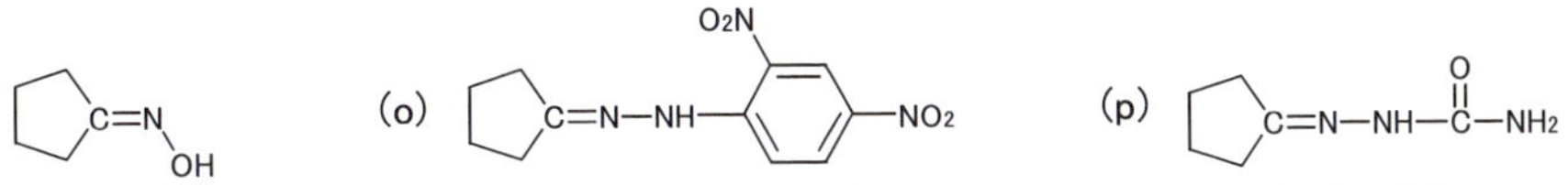

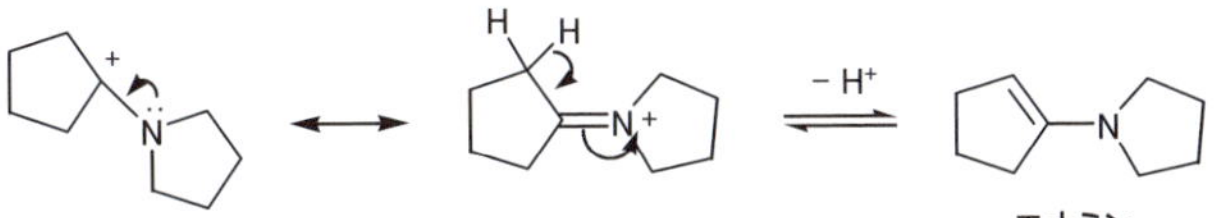

エナミン

---

2. 次に示した反応について生成物を記せ。

(a) C₆H₅-CHO + CH₃-CO-CH₃ $\xrightarrow{10\% \text{NaOH}}$ $\xrightarrow{加熱}$

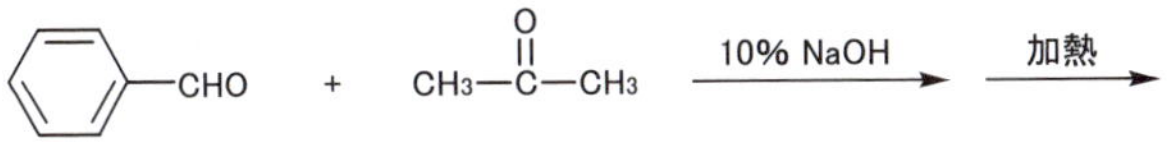

(b) [1-メチル-2-オキソシクロヘキサン の側鎖にCOCH₃を持つ化合物] $\xrightarrow{\text{KOH}}$ $\xrightarrow{加熱}$

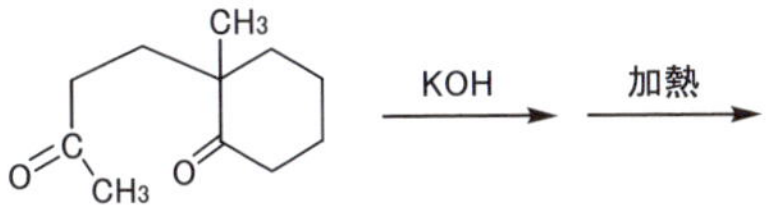

(c) CH₃CH₂CH₂CH₂-CHO + CH₃-NO₂ $\xrightarrow{\text{KOH}}$

(d) C₆H₅-CH₂-O-CH₂-C₆H₅ + C₆H₅-CO-CO-C₆H₅ $\xrightarrow{\text{KOH}}$ $\xrightarrow{加熱}$

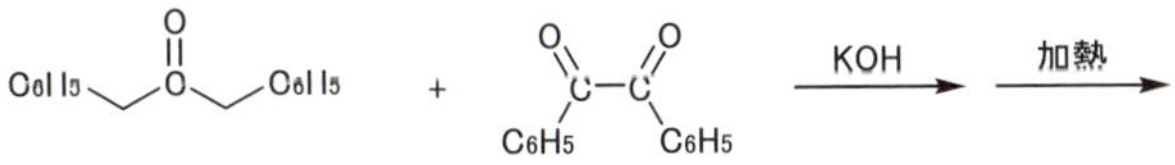

(e) C₆H₅-CHO + H₂C(CN)(CO₂CH₂CH₃) $\xrightarrow{\text{R}_2\text{NH}}$ $\xrightarrow{加熱}$

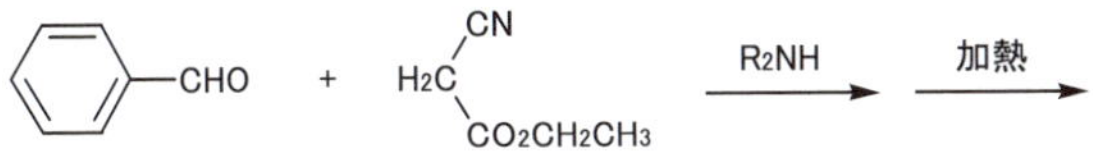

(f) C₆H₅-CHO + (CH₃CO)₂O $\xrightarrow[加熱]{\text{CH}_3\text{CO}_2^-\text{K}^+}$ $\xrightarrow{\text{H}_2\text{O}}$

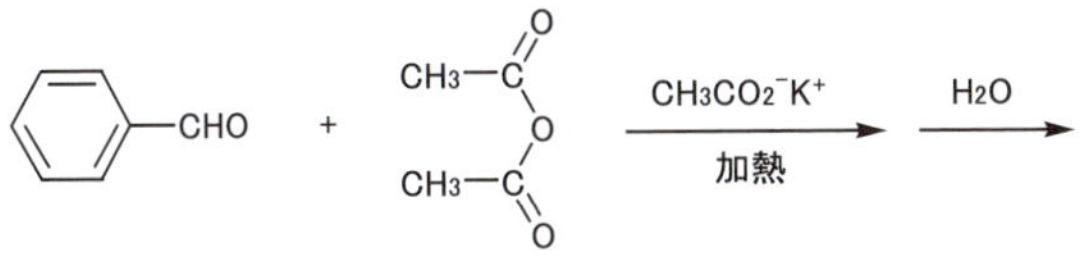

(g) 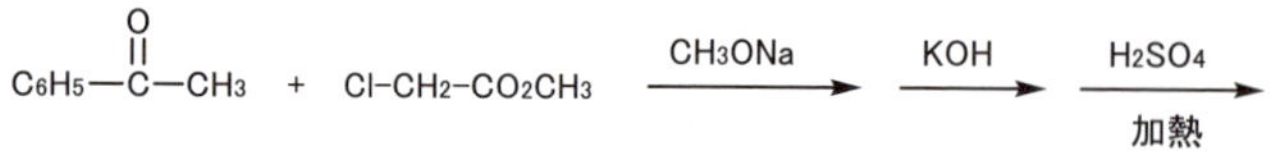 $C_6H_5-\overset{\overset{O}{\|}}{C}-CH_3$ + $Cl-CH_2-CO_2CH_3$ $\xrightarrow{CH_3ONa}$ $\xrightarrow{KOH}$ $\xrightarrow[\text{加熱}]{H_2SO_4}$

(h) (acetophenone) + $\begin{matrix} CH_2-CO_2CH_2CH_3 \\ | \\ CH_2-CO_2CH_2CH_3 \end{matrix}$ $\xrightarrow{Bu^tOK}$ $\xrightarrow{H_3O^+}$

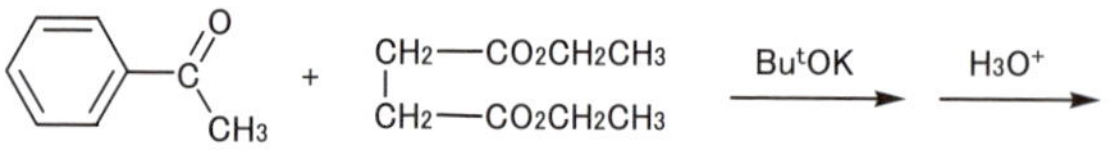

解 答

(a) 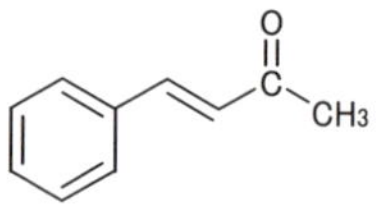 [structure: PhCH=CH-C(=O)-CH₃]

(b) この反応は，分子内アルドール反応(intramolecular aldol reaction)であり，環形成反応に利用できる。

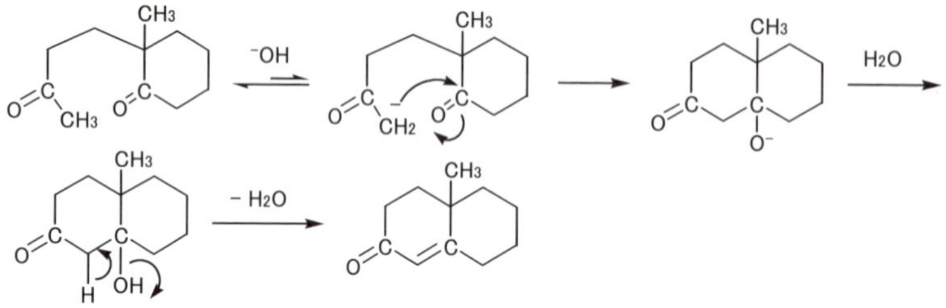

(c) ニトロメタンのpKaは10.2であり，容易にカルボアニオンを生成する。

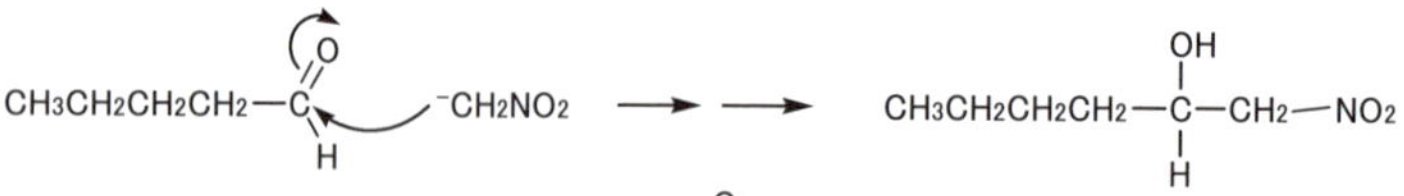

$CH_3CH_2CH_2-\overset{\overset{O}{\|}}{C}-H$ + $^-CH_2NO_2$ $\longrightarrow$ $CH_3CH_2CH_2-\overset{OH}{\underset{H}{C}}-CH_2-NO_2$

(d) 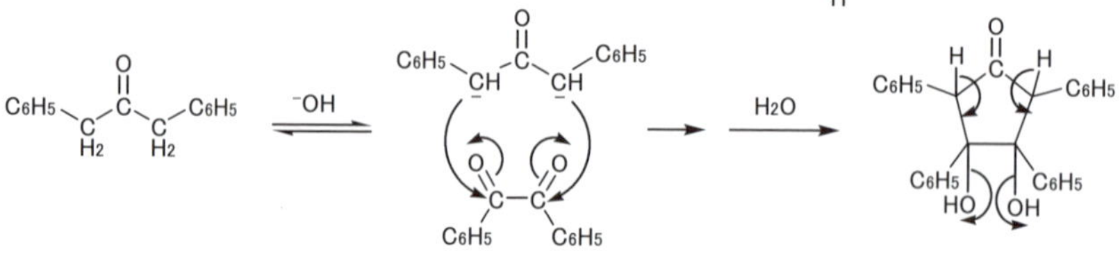 [mechanism shown]

$\xrightarrow{-2H_2O}$ [tetraphenylcyclopentadienone structure]

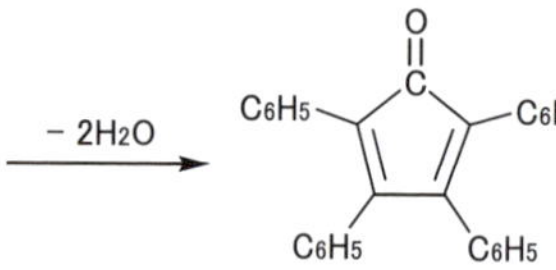

(e) この反応はクネベナーゲル縮合(Knoevenagel condensation)と呼ばれる。シアノ酢酸エチルのpKaは5.4であり，容易にカルボアニオンを生成する。

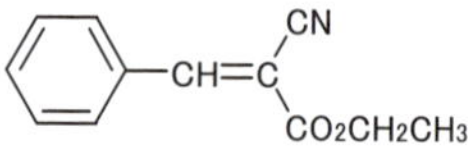

[structure: PhCH=C(CN)(CO₂CH₂CH₃)]

(f) この反応は、パーキン反応(Perkin reaction)と呼ばれる。

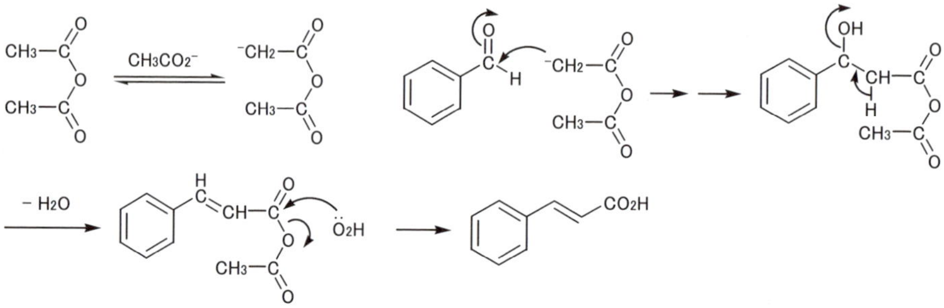

[mechanism shown, leading to cinnamic acid PhCH=CH-CO₂H]

(g) この反応は，ダルツェンス反応(Darzens reaction)と呼ばれ，ある種のアルデヒドやケトンの合成に利用できる。

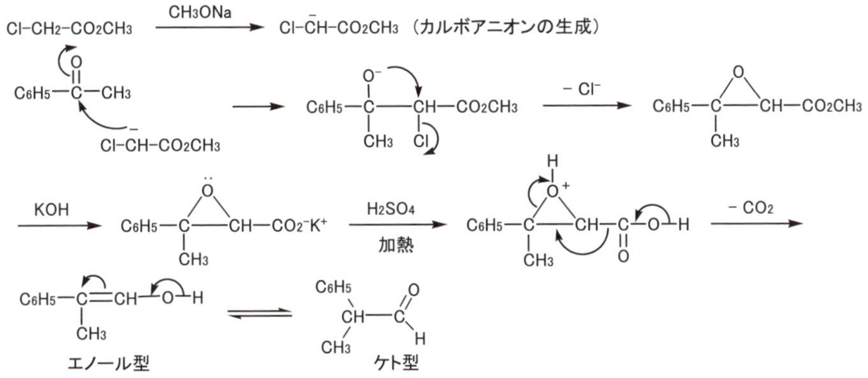

(h) この反応は，ストッブ縮合(Stobbe condensation)と呼ばれる。

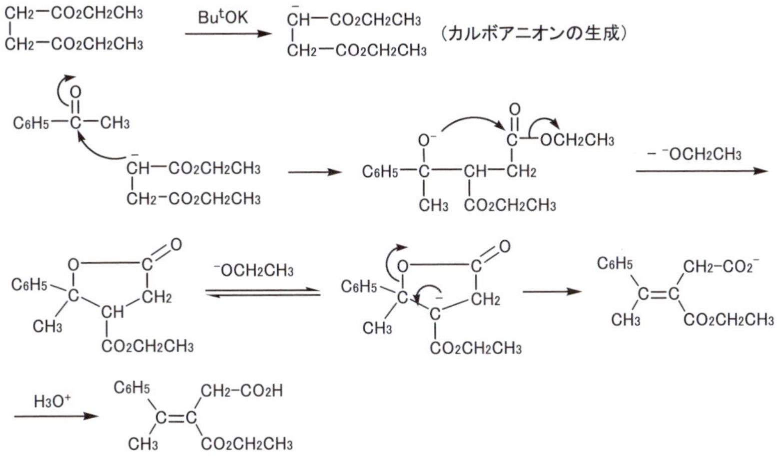

3. 次の5つの反応についてメカニズムを記せ。

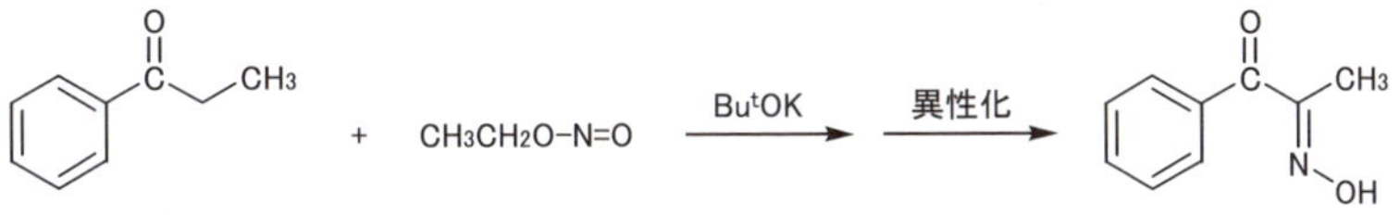

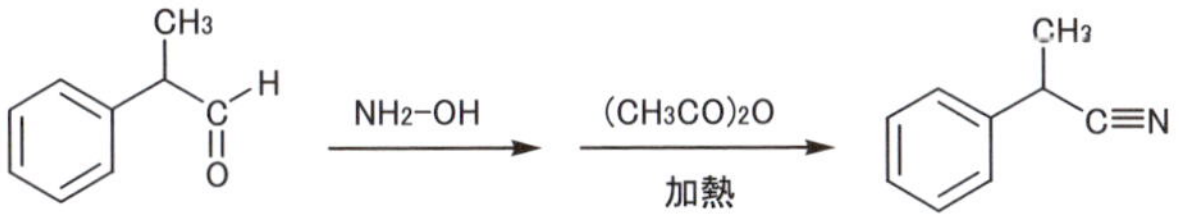

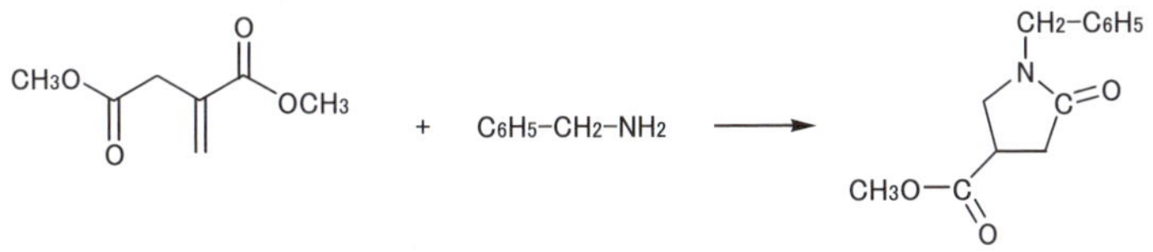

(d) PhCH=CH-CO-CH₃ + CH₂(CO₂CH₃)₂ →[K₂CO₃] 環状生成物(4-phenyl-2-methoxycarbonylcyclohexane-1,3-dione型)

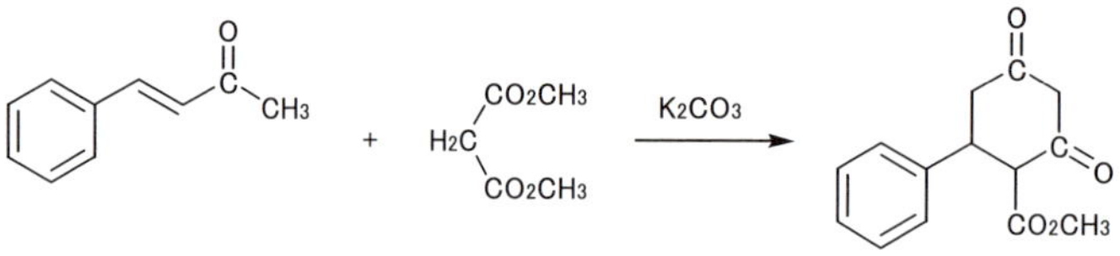

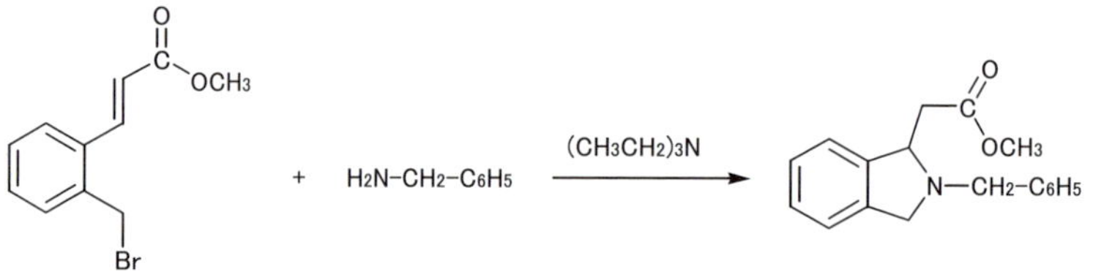

(e) methyl 2-(bromomethyl)cinnamate + H₂N-CH₂-C₆H₅ →[(CH₃CH₂)₃N] methyl 2-(2-benzyl-2,3-dihydro-1H-isoindol-1-yl)acetate

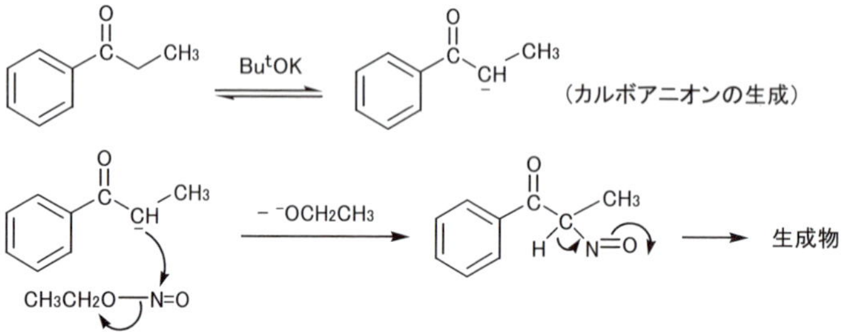

解 答

(a) PhCOCH₂CH₃ ⇌[Bu^tOK] PhCOCH⁻CH₃ (カルボアニオンの生成)

PhCO-CH(CH₃)— attacks CH₃CH₂O-N=O → –⁻OCH₂CH₃ → PhCO-CH(CH₃)-N=O → 生成物

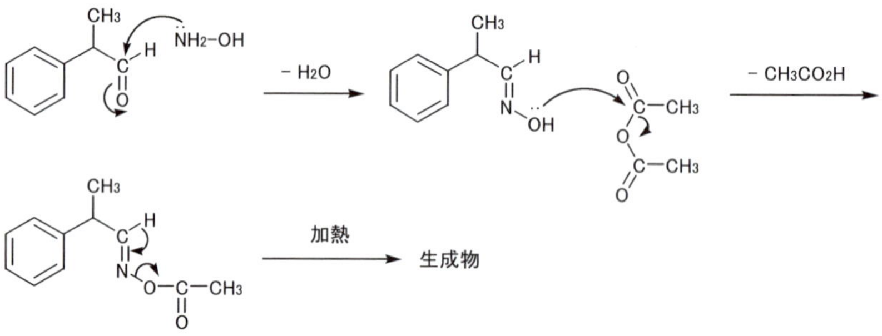

(b) PhCH(CH₃)CHO + NH₂-OH → [–H₂O] PhCH(CH₃)CH=N-OH + (CH₃CO)₂O → [–CH₃CO₂H] PhCH(CH₃)CH=N-O-COCH₃

加熱 → 生成物

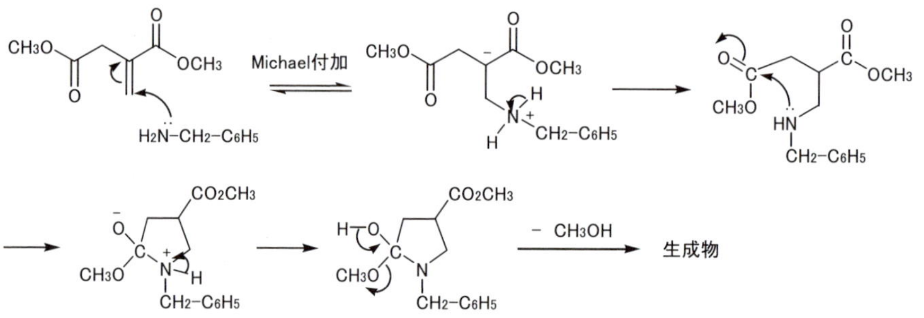

(c) CH₃O₂C-CH₂-C(=CH₂)-CO₂CH₃ + H₂N-CH₂-C₆H₅ ⇌[Michael付加] CH₃O₂C-CH₂-CH(CO₂CH₃)-CH₂-NH₂⁺-CH₂-C₆H₅ → 環化 (pyrrolidine型中間体, N-CH₂-C₆H₅, OCH₃置換) → [–CH₃OH] 生成物

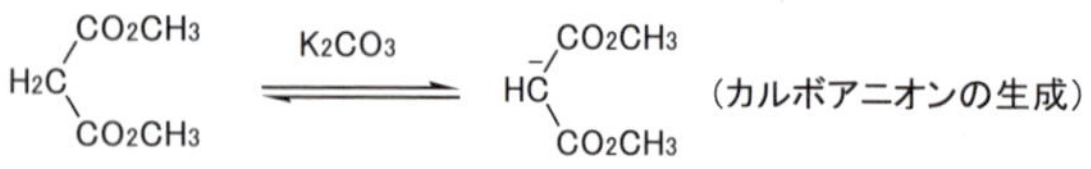

(d) CH₂(CO₂CH₃)₂ ⇌[K₂CO₃] ⁻CH(CO₂CH₃)₂ (カルボアニオンの生成)

(d) 反応機構図（Michael付加による環化反応）

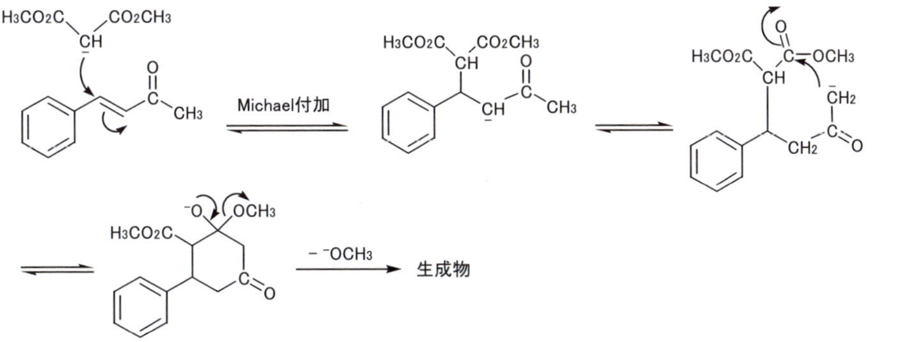

(e) 反応機構図（分子内Michael付加による環化反応）

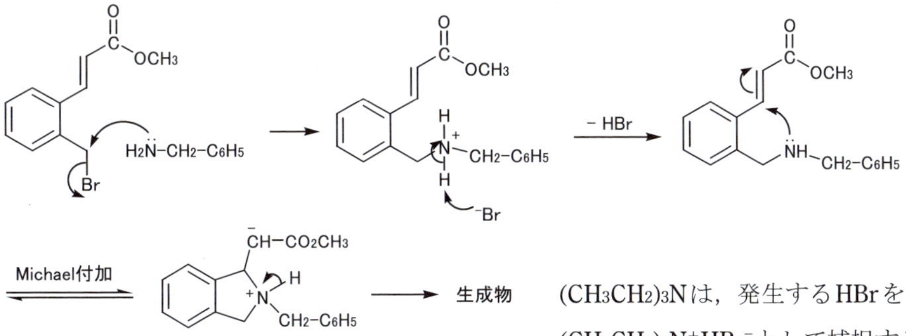

(CH₃CH₂)₃Nは，発生するHBrを(CH₃CH₂)₃N⁺HBr⁻として捕捉するために使用する。

6 転位反応

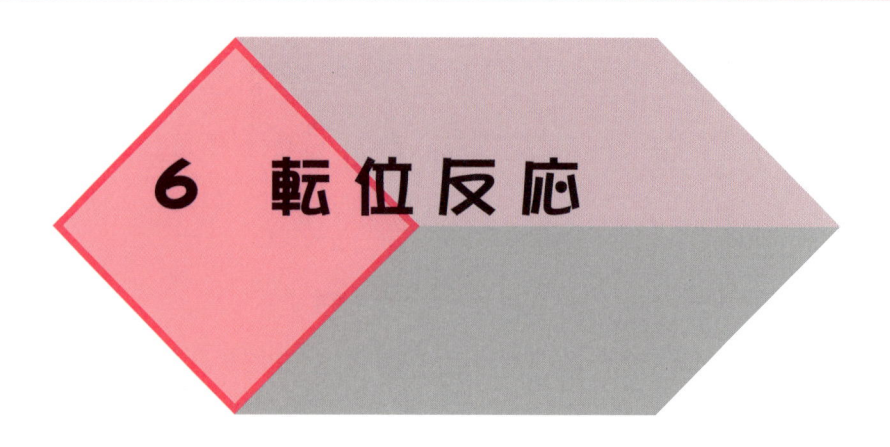

これまでに述べてきたように，有機反応ではカチオンやアニオンなどの活性な中間体が生成するが，多くの場合，求核試薬や求電子試薬の攻撃を受けて反応が進行する。しかし，ある種の活性中間体の場合には，隣接する水素や置換基や官能基が転位（移動）し，出発物質とは原子の位置や骨格が大きく変化する。このような反応は，一般的に転位反応（rearrangement）と呼ばれる。この章では，さまざまな転位反応のメカニズムをわかりやすく解説する。

6・1 炭素骨格が変化しない転位反応

1-アミノプロパンから誘導されるジアゾニウム塩を H_2O 中で加熱すると，1-プロパノールと2-プロパノールが $1:4.6$ の割合で生成する（式6-1）。

ジアゾニウム塩

第一級アミンを亜硝酸 HNO_2 を用いてジアゾ化するとジアゾニウム塩が生成する。この反応で得られるジアゾニウムカチオンは，非常に不安定な中間体であり，速やかに窒素分子が脱離してアルキルカチオンを生じる。

$$R-NH_2 \xrightarrow{HNO_2} R-N_2^+ \xrightarrow{-N_2} R^+$$

$$CH_3CH_2CH_2-\overset{+}{N}{\equiv}N \xrightarrow[\text{in } H_2O]{\text{加熱}} CH_3-CH_2-CH_2-OH + CH_3-\underset{OH}{\overset{}{C}H}-CH_3$$

1-プロパノール 　　　2-プロパノール
生成比　1　　　:　　4.6

$$CH_3CH_2CH_2-\overset{+}{N}{\equiv}N \longrightarrow \text{第一級カルボカチオン} \xrightarrow{H^-\text{の転位}} \text{第二級カルボカチオン} \tag{6-1}$$

（以下，水による求核攻撃と脱プロトンにより 1-プロパノールおよび 2-プロパノール生成）

では，この反応はどのように進行するのだろうか．

　まず，ジアゾニウム塩から窒素 N_2 が脱離すると一級のカルボカチオンが生成する．ここで，C_2 から C_1 へヒドリドイオン（H^-; hydride ion）が転位（移動）すると，より安定な二級のカルボカチオンが生成することになる．最終的には2つのカルボカチオンに対して水分子が求核攻撃し，対応するアルコールが得られる．要するに，2つのアルコールの生成比は，中間体のカルボカチオンの安定性を反映していることになる．

　次に，カルボカチオンの非局在化が関与した興味深いアリル転位（allyl rearrangement）を紹介しよう．3-クロロ-1-ブテンをエタノール中で加熱すると，3-エトキシ-1-ブテンと4-エトキシ-2-ブテンが同じ割合で生成する．また，1-クロロ-2-ブテンをエタノール中で加熱しても2種類のエーテルが同じ割合で生成する（式6-2）．では，この反応はどのように進行するのだろうか．

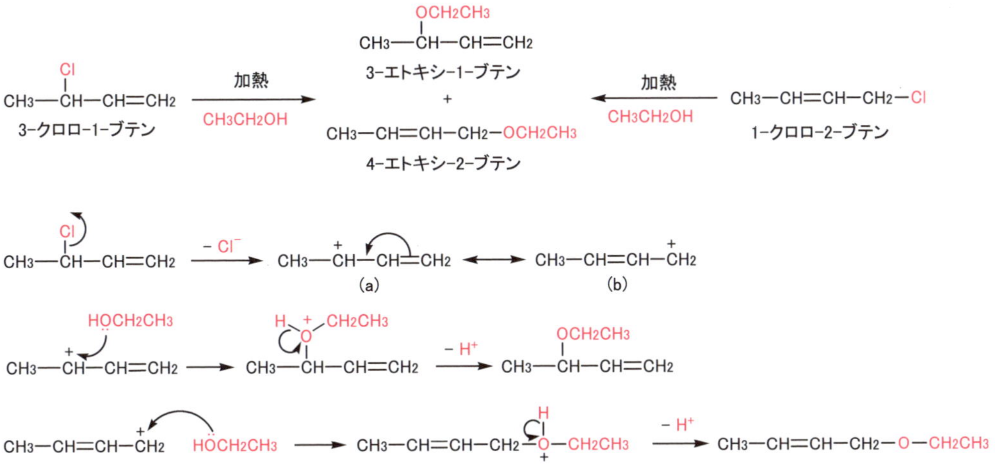

(6-2)

　ここで用いた反応条件では，エタノールが弱い求核試薬として作用するため，S_N1 反応が進行する．したがって，まず塩化物イオン Cl^- が脱離し，安定なアリルカチオン（allyl cation）中間体 (a) が生成する．このカチオンは，(b) のような共鳴構造をとることによりカチオンの非局在化が可能である．最後に，これら中間体に対してエタノール分子が求核攻撃し，対応するエーテルを生じる．

6・2 炭素骨格が変化する転位反応

ここでは，炭素骨格が変化する転位反応の例を紹介する。

6・2・1 ネオペンチル転位 (neopentyl rearrangement)

1-ブロモ-2,2-ジメチルプロパン（臭化ネオペンチル）を H_2O 中で加熱すると，2,2-ジメチルプロパノールは全く得られず，2-メチル-2-ブタノールのみが得られる（式6-3）。では，この反応はどのように進行するのだろうか。

(6-3)

この反応も H_2O の弱い求核性から判断して，S_N1 反応が進行する。したがって，まず臭化物イオン Br^- が脱離し，一級カルボカチオン中間体 (c) が生成する。ここで，C_2 から C_1 へ CH_3^- イオンが転位すると，かなり安定な三級カルボカチオン (d) が生成することになる。最終的には，このカルボカチオンに対して水分子が求核攻撃し，対応するアルコールを生じる。この転位反応においても，中間体のカルボカチオンの安定性の相違が強く反映されている。

6・2・2 ピナコール-ピナコロン転位 (pinacol-pinacolone rearrangement)

CH_3^- イオンが転位するもう1つの例として，式(6-4)に示した，酸触媒存在下での1,2-ジオール，ここではピナコールのピナコロンへの転位を紹介しよう。では，この転位反応はどのように進行するのだろうか。

$$\text{ピナコール} \xrightarrow{H_2SO_4} \text{ピナコロン}$$

(式 6-4)

まず，OH基の酸素原子へのプロトン化，それに続く脱水反応により，かなり安定な三級カルボカチオン（e）が生成する．にもかかわらず，なぜ，転位反応が起こるのだろうか．それは，中間体（e）からCH_3^-イオンが転位して生ずるカルボカチオン（f）は，酸素原子上の非共有電子対を介したカルボカチオンの非局在化による安定化と，容易にプロトンを失って安定な最終生成物になりやすいためである．

ピナコール-ピナコロン転位において，どのような置換基が相対的に転位しやすいかについて多くの実験が行われ，相対的な転位のしやすさは，次の順であることがわかっている．

$C_6H_5 >$ $(CH_3)_3C >$ $CH_3CH_2 >$ CH_3

6・3 電子が不足した炭素原子への転位反応

これまでは正に荷電した炭素への転位反応を紹介してきたが，ここでは電子不足ではあるが荷電していない炭素原子への転位反応を紹介する．

6・3・1 ウォルフ転位 (Wolff rearrangement)

酸塩化物をジアゾメタン $CH_2^- N_2^+$ と反応させ得られる化合物（g）を光または酸化銀 Ag_2O 存在下加熱すると，窒素分子 N_2 が脱離し，中間体としてカルベン（carbene）が生成する．カルベンは電子不足の6電子系炭素であり，置換基 R^- が転位することによりケテン（ketene）が生成する．さらにケテンは，水分子と反応して対応するカルボン酸を生じる（式6-5）．

ジアゾメタン

ジアゾメタンの構造は，以下に示すような，共鳴混成体と考えられている．このジアゾメタンは，有機合成化学上メチル化剤として大変有用であり，カルボン酸からメチルエステル，フェノールからメチルフェニルエーテルなどを合成する際に用いられる．

$:CH_2-N\equiv\overset{+}{N}: \longleftrightarrow CH_2=\overset{+}{N}=\overset{-}{N}:$

カルベン

カルベンとは，反応中に生じる不安定な中間体で，以下に示すように，電荷をもたない2価の炭素原子である．

$X-\ddot{C}-Y$

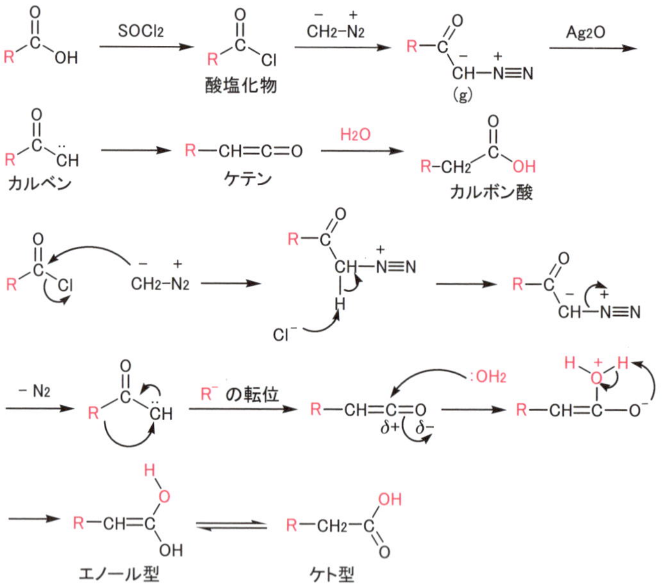

（式6-5の反応スキーム）

水の存在下での Wolff 転位は，出発物質のカルボン酸を炭素が1つ多い同族体に誘導するアルント-アイステルト合成（Arndt-Eistert synthesis）の一部をなすものであり，合成化学的にも大変有用な反応である。

この反応は水中だけでなく，アルコールやアンモニア中でも行うことができ，同じようにケテンの C=C 結合にこれらの分子が付加し，出発物質にくらべ炭素数が1つ多いエステルやアミドを合成することが可能である（式6-6）。

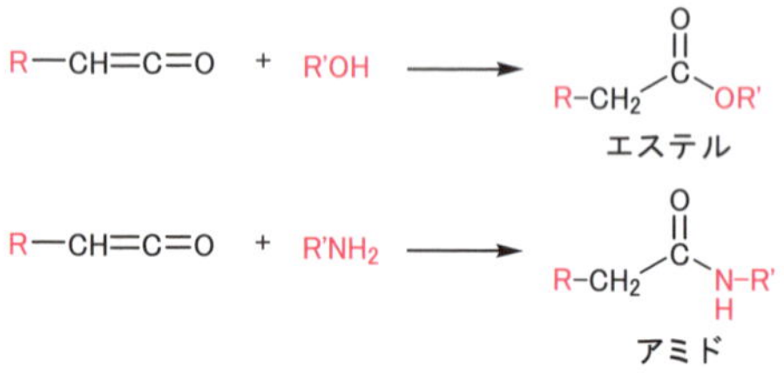

$$R-CH=C=O + R'OH \longrightarrow R-CH_2-\underset{エステル}{C(=O)-OR'}$$

$$R-CH=C=O + R'NH_2 \longrightarrow R-CH_2-\underset{アミド}{C(=O)-N(H)-R'}$$
(6-6)

6・4 電子が不足した窒素原子への転位反応

6・3では，電子不足の炭素原子への転位反応を紹介したが，電子不足の窒素原子上への転位反応も実際に見られる。

6・4・1 ホフマン転位（Hofmann rearrangement）

この転位反応では，アミドに次亜臭素酸アルカリを作用させると，出発

物質より1つ炭素数の少ないアミンが得られる（式6-7）。では，この反応はどのように進行するのだろうか。

$$\underset{\text{アミド}}{\text{R-CO-NH}_2} + Br_2 + 4\,NaOH \longrightarrow \underset{\text{アミン}}{R-NH_2} + 2\,NaBr + Na_2CO_3 + H_2O$$

ステップ1：N-ブロモアミドの生成

$$\text{R-CO-NH}_2 + Br_2 + NaOH \longrightarrow \text{R-CO-NHBr} + H_2O + NaBr$$

ステップ2：N-ブロモアミドのNa塩の生成

$$\text{R-CO-NHBr} + NaOH \longrightarrow \text{R-CO-N(Na)Br} + H_2O$$

ステップ3：不安定なナイトレンの生成

$$\text{R-CO-N(Na)Br} \longrightarrow \underset{\text{ナイトレン}}{\text{R-CO-N:}} + NaBr \qquad (6\text{-}7)$$

ステップ4：R⁻の転位によるイソシアナートの生成

$$\text{R-CO-N:} \longrightarrow \underset{\text{イソシアナート}}{R-N=C=O}$$

ステップ5：脱炭酸を伴うアミンの生成

$$R-N=C=O \xrightarrow{^-OH} R-N=C(OH)(O^-Na^+) \longrightarrow R-NH-C(=O)-O^-Na^+$$

$$R-NH-C(=O)-O^-Na^+ + NaOH \longrightarrow R-NH_2 + Na_2CO_3$$

第1段階はN-ブロモアミドの生成であり，第2段階はN-ブロモアミドのアニオンの生成である。第3段階はBr⁻の脱離であり，先のカルベンに相当するナイトレン（nitrene）が生成する。第4段階では，ナイトレンが電子不足の6電子系窒素原子であるため，置換基R⁻が転位することによりケテンに相当するイソシアナート（isocyanate）が生成する。いくつかの実験事実から，第3と第4段階は，式(6-8)に示したように，協奏的に起こることがわかっている。最終段階では，イソシアナートのN=C結合に水分子が付加しカルバミン酸が生成するが，不安定なため容易に脱炭酸（decarboxylation）が起こりアミンが生じる。

$$\text{R-CO-N(Br):} \longrightarrow R-N=C=O \qquad (6\text{-}8)$$

> **ナイトレン**
>
> ニトレンともいう。反応中に生じる不安定な中間体で，以下に示すように，電荷をもたない1価の窒素原子である。
>
> $$R-\ddot{N}:$$

6・4・2 ロッセン転位(Lossen rearrangement), クルチウス転位(Curtis rearrangement), シュミット転位 (Schmidt rearrangement)

ここでは, Hofmann 転位と反応のメカニズムが類似している3つの転位反応を紹介する。

Lossen 転位では, ヒドロキサム酸またはヒドロキサム酸の O-アシル誘導体からの ^-OH や ^-OCOR の脱離, 置換基 R^- の転位によるイソシアナートの生成, 水分子の求核付加により生成したカルバミン酸からの脱炭酸を経てアミンが得られる。

Curtius 転位では, 酸塩化物にアジ化ナトリウム NaN_3 を作用させるか, 酸ヒドラジドに亜硝酸 HNO_2 を反応させることにより生成するアシルアジドからの窒素分子の脱離, 置換基 R^- の転位によるイソシアナートの生成, 水分子の求核付加により生成したカルバミン酸からの脱炭酸を経てアミンが得られる。

Schmidt 転位では, カルボン酸に強酸触媒存在下でアジ化水素酸 HN_3 を反応させることにより生成するアシルアジドからの窒素分子の脱離, 置換基 R^- の転位によるイソシアナートの生成, 水分子の求核付加により生成したカルバミン酸からの脱炭酸を経てアミンが得られる。

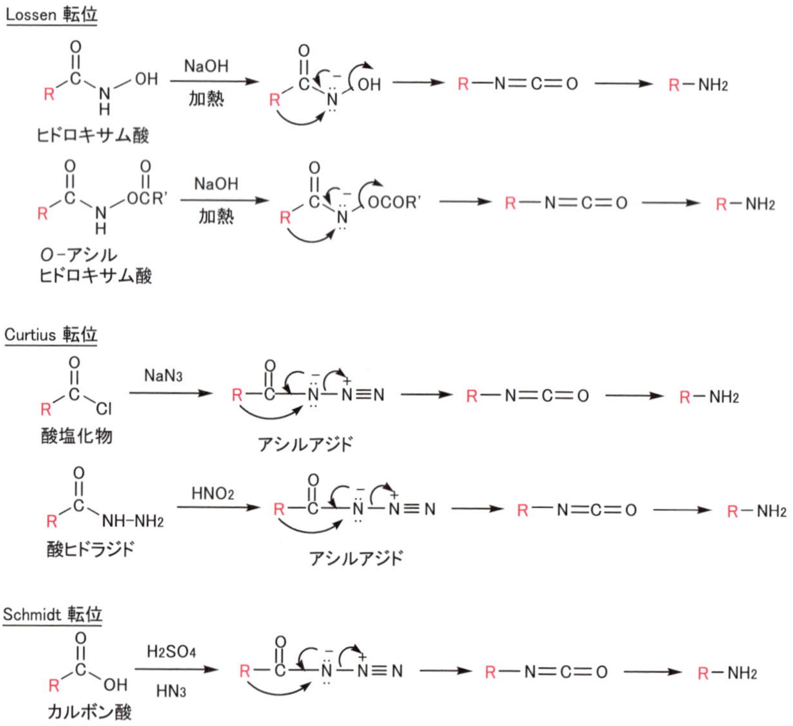

(6-9)

6・4・3 ベックマン転位（Beckmann rearrangement）

R⁻が炭素から窒素原子に転位する反応の中でもっとも詳しく研究されているのが，オキシムをアミドに変換するBeckmann転位である（式6-10）。

$$\text{オキシム} \xrightarrow{H_2SO_4} \xrightarrow{H_2O} \text{アミド} \quad (6\text{-}10)$$

この転位反応は，H_2SO_4，$SOCl_2$，P_2O_5，PCl_5，BF_3などの触媒により促進される。この反応でもっとも興味深い点は，2つの置換基RとR'のどちらが転位するかを決めるのはRとR'の電子的な性質ではなく，立体配置であるということである。すなわち，OH基に対してアンチ (*anti*) の関係にあるRが常に転位することが実験的に確かめられている。では，この転位反応はどのように進行するのだろうか。

オキシムを濃硫酸を用いて脱水すると，オキシム水酸基に対してアンチに置換しているRがR⁻として転位し，ニトリリウムイオン (nitrilium ion) 中間体 (h) を生成する。脱水と転位は，協奏的に起こることが知られている。このようにして生成したカチオンに水分子が求核攻撃し，続いて互変異性によりアミドが最終的に得られる。

ここで，Beckmann転位においては，RとOHが直接入れ替わってもアミド化合物が得られるのではないかという疑問がわいてくる。この疑問をきっぱり否定するのが，以下のようなラベル実験である。ベンゾフェノンオキシム (i) のベンズアニリド (j) へのBeckmann転位を$H_2{}^{18}O$中で行うと，PhとOHがただ入れ替わっただけであれば，転位生成物であるベンズアニリド (j) には^{18}Oは取り込まれないはずである（式6-11）。

$$(6\text{-}11)$$

> **アンチ**
>
> アンチは，狭義と広義の両方で用いられる。狭義では，二面角が180°のことを指し，トランスと同じ意味になる。広義では，シン配座に対応する用語で，二面角が90-180°になるような配座を意味する。

しかしながら，実際に実験を行ってみると，ベンズアニリドは溶媒の水が含んでいたのと同じ割合の ^{18}O を含有していたことから，この転位反応では，いったん OH が失われた後，$H_2^{18}O$ を含む水が求核的に反応し，結果として ^{18}O が生成物中に取り込まれたことがわかる。

Beckmann 転位では，水酸基に対してつねにアンチ R 基が転位することを利用して，未知のオキシムの立体配置を決定することができる。例えば，オキシムの Beckmann 転位で N-メチルベンズアミドが得られれば出発原料のオキシムは (Z)-アセトフェノンオキシムであり，アセトアニリドが得られれば (E)-アセトフェノンオキシムということになる（式6-12）。

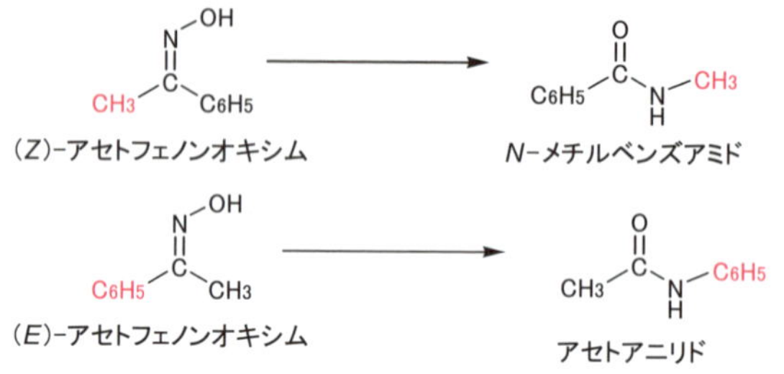

(6-12)

また，Beckmann 転位の工業的な利用法としては，繊維用の重合体ナイロン-6の合成の前駆体となる ε-カプロラクタム（ε-caprolactam）の合成があげられる。フェノールから2段階の反応を経てシクロヘキサノンを合成し，ヒドロキシルアミンとの反応でオキシムに変換し，続いてこのオキシムの Beckmann 転位を行えば，ε-カプロラクタムが得られる。最後に，このカプロラクタムの開環重合を行えば，ナイロン-6が得られる（式6-13）。

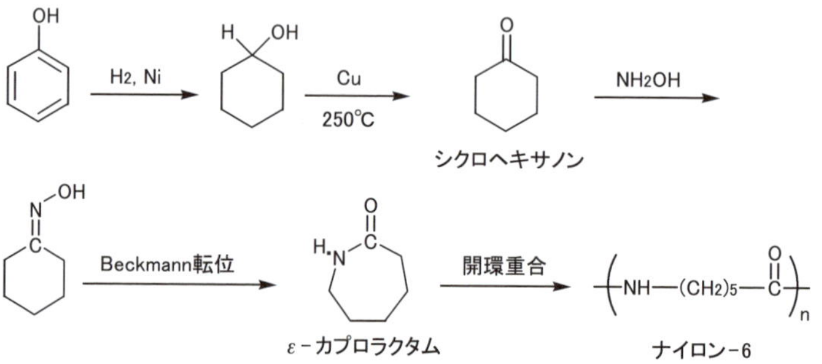

(6-13)

6・5 電子が不足した酸素原子への転位反応

6・3 と 6・4 では，電子不足の炭素原子や窒素原子への転位反応を紹介したが，電子不足の酸素原子上への転位反応も実際に見られる。

6・5・1 バイヤー–ビリガー酸化（Baeyer-Villiger oxidation）

ケトン類に過酸化水素 H_2O_2 または m-クロロ過安息香酸（mCPBA: m-chloroperbenzoic acid）のような有機過酸を作用させると，酸化と同時に転位を起こして，カルボン酸エステル類が得られる。この反応は，Baeyer-Villiger 酸化と呼ばれる。式 (6-14) には，具体例として，ベンゾフェノンからの安息香酸フェニルの生成を示した。では，この反応はどのように進行するのだろうか。

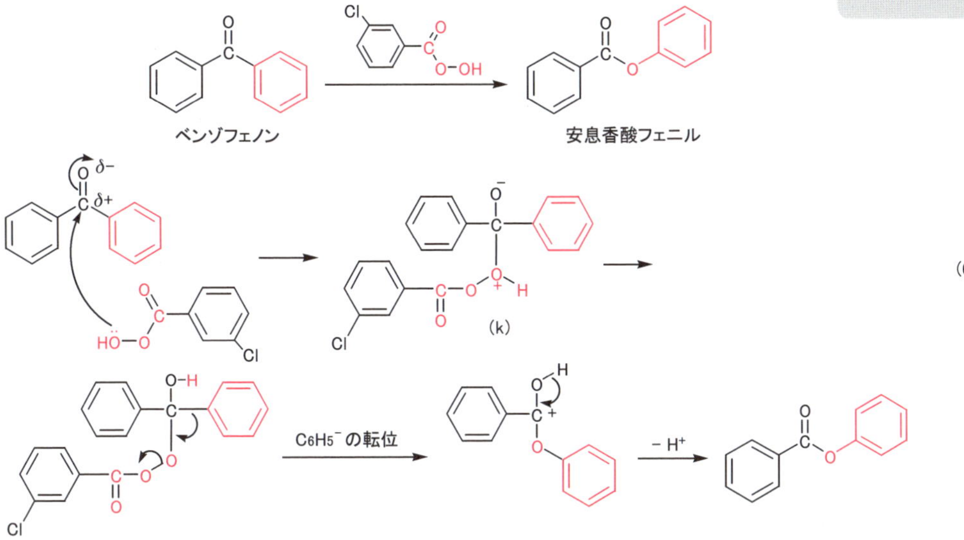

(6-14)

> **有機過酸**
>
> RCO_3H で表される過酸化水素のアシル体で，ペルオキシカルボン酸とも呼ぶ。過ギ酸，過酢酸，過安息香酸，過フタル酸などが知られているが，爆発性で危険なものが多く，取扱いには注意が必要である。
>
> 過ギ酸　過酢酸
>
> 過安息香酸
>
> 過フタル酸

OH 基の酸素原子の非共有電子対がカルボニルの炭素を攻撃し，プロトンの移動が起こり過酸の付加物 (k) が生成する。続いて，よい脱離基である m-ClC$_6$H$_4$CO$_2^-$ が脱離すると同時に C$_6$H$_5^-$ が電子が不足した酸素へ転位し，最終生成物であるフェニルエステルが得られる。

脱離と転位が協奏的に起こることは，以下に述べる ^{18}O の"かきまぜ (scrambling)"が起こらないという実験事実により支持される。すなわち，$Ph_2C={}^{18}O$ を酸化した場合，付加体 (l) から m-ClC$_6$H$_4$CO$_2^-$ がまず脱離したとすると，酸素カチオン (m) が生成する。このカチオン (m) には H$^-$ が移動した酸素カチオン (n) との間に平衡が存在する。次の段階として，それぞれ

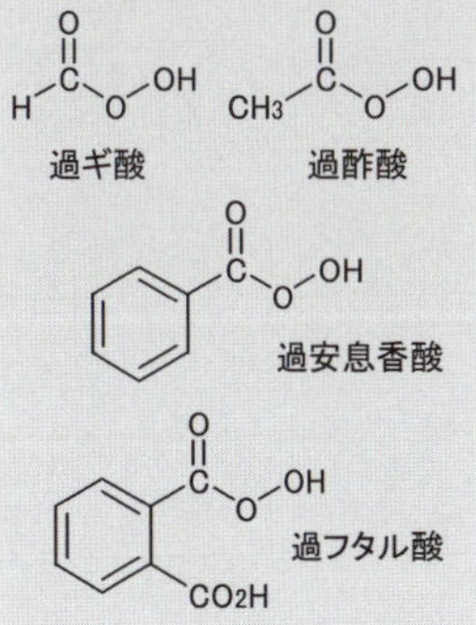

の酸素カチオンから $C_6H_5^-$ が電子不足の酸素へ転位したとすると，前者からは PhC^{18}O-OR が，後者からは PhCO-^{18}OR が得られ，^{18}O のかきまぜが起こることになる(式6-15)。しかし実際には，Ph$_2$C=^{18}O を酸化した場合，PhC^{18}O-OR のみが得られたことから，協奏的な反応機構が妥当であることがわかった。

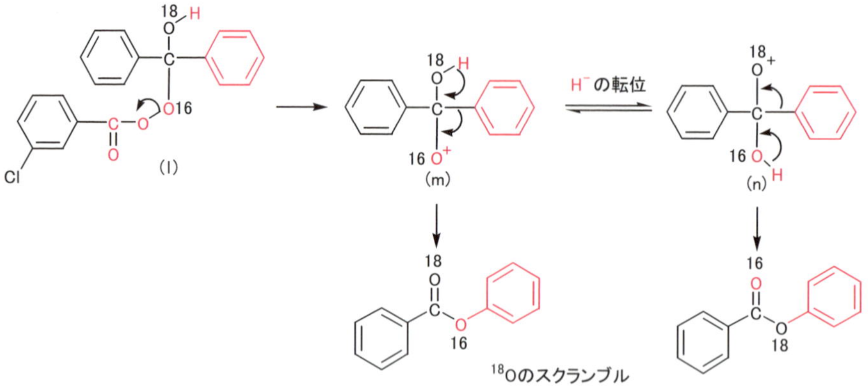

$$(6\text{-}15)$$

Baeyer-Villiger酸化を環状ケトンに応用すれば，環状エステルであるラクトン（lactone）が得られることから，この反応は有機合成的にも大変有用な反応である（式6-16）。

$$(6\text{-}16)$$

6・5・2 ヒドロペルオキシド転位（hydroperoxide rearrangement）

クメン（cumene）の空気酸化により生成するクメンヒドロペルオキシド（cumene hydroperoxide）の酸分解反応は，工業的規模でのフェノールとアセトンの製造に用いられている（式6-17）。

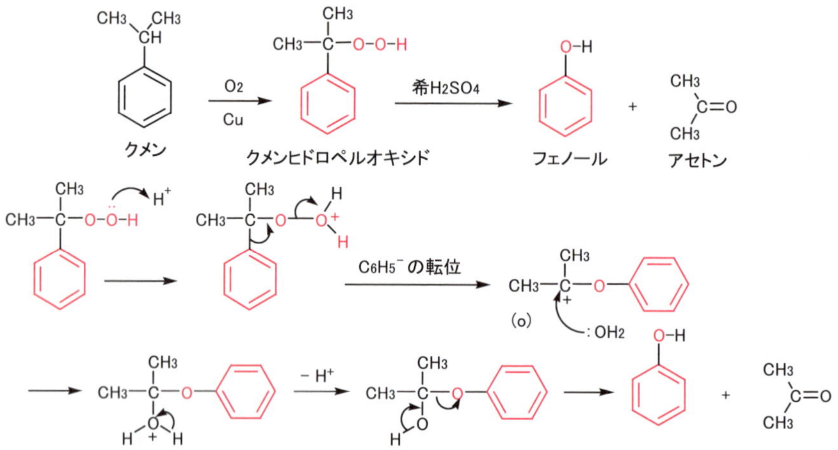

$$(6\text{-}17)$$

では，この転位反応はどのように進行するのだろうか．

OH 基の酸素原子の非共有電子対へのプロトン化によって生じたオキソニウムイオンからの H_2O の脱離と，それにより生じた電子不足の酸素原子上への $C_6H_5^-$ の転位は，協奏的に起こる．続いて，カルボカチオン (o) に水分子が求核的に攻撃し，ヘミアセタール (hemiacetal) を経由して，フェノールとアセトンが得られる．

フェノールは，フェノール性樹脂やナイロン系合成繊維の製造原料や多くの医薬品・殺虫殺菌剤の製造原料として，またアセトンは，溶剤や化学工業原料などに幅広く利用されている．

> **ヘミアセタール**
>
> 下記の様な一般式で表される化合物の総称．アルデヒドがアルコールと反応すると，ヘミアセタールが生成する．ヘミアセタールは，一般的には不安定で単離できないが，平衡状態として存在する．
>
> R-CHO + R'-OH ⇌
> R-CH(OH)-O-R'　ヘミアセタール

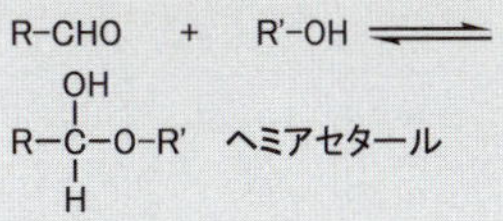

6・6　アニオンが関与する転位反応

これまでに解説した転位反応は，多くの場合カルボカチオンが関与していたが，カルボアニオンが関与した転位反応もいくつか知られている．

6・6・1　スティブンス転位（Stevens rearrangement）

カルボニル基を含む第四級アンモニウム塩を強塩基で処理すると，カルボニル基の α-位に N 上の置換基が転位した生成物が得られる（式6-18）．

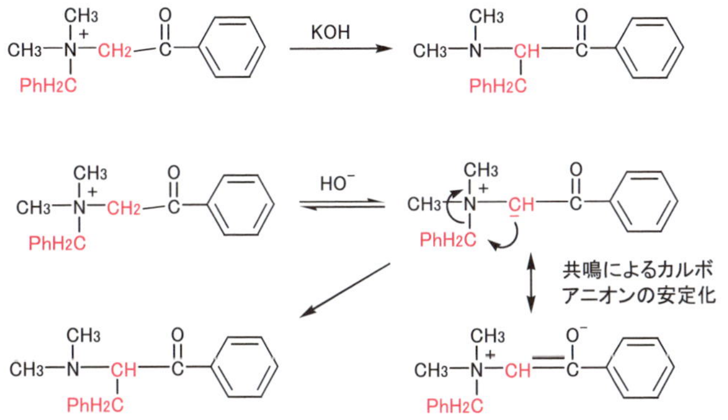

この転位反応は，Stevens 転位と呼ばれる．では，この転位反応はどのように進行するのだろうか．

まず，強塩基を作用させると，カルボニル基の α-位の活性メチレンから容易にプロトンが引き抜かれ，カルボアニオンが生成する．このアニオンが分子内で求核置換反応を起こし，N 上のベンジル基がカルボニル基の

α-位に転位し，生成物が得られる．転位する置換基としては，ベンジル基やアリル基が一般的である．

この転位反応は，第四級アンモニウム塩だけでなく，スルホニウム塩（sulfonium salt）においても見られる．

スルホニウム塩

下図のように，3価の硫黄原子上に＋電荷をもつカチオンとアニオン X^- からなる塩の総称．

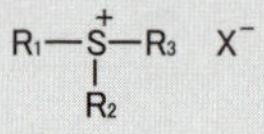

$$R_1-\overset{+}{\underset{R_2}{S}}-R_3 \quad X^-$$

6・6・2 ウィッティッヒ転位（Wittig rearrangement）

ベンジルメチルエーテルに強塩基である BuLi を作用させると，メチル基の転位が起こり，1-フェニルエタノールが得られる（式6-19）．この転位反応は，Wittig 転位と呼ばれる．では，この転位反応はどのように進行するのだろうか．

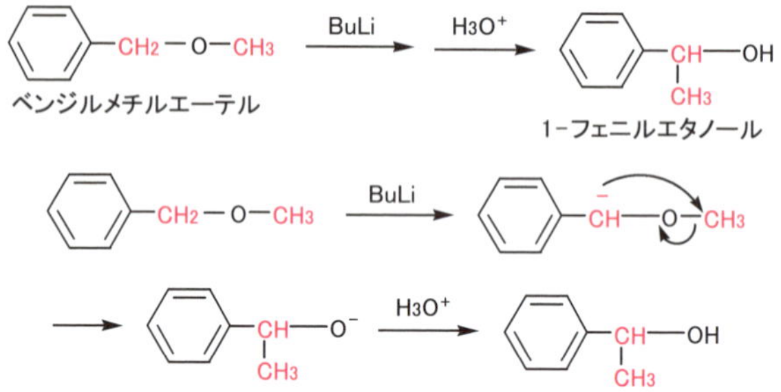

(6-19)

まず，強塩基である BuLi を作用させると，ベンジルのプロトンが引き抜かれ，カルボアニオンが生成する．このアニオンが分子内で求核置換反応を起こし，メチル基が転位し，生成物が得られる．Wittig 転位では，Stevens 転位の場合と異なり，ベンジル位の水素の酸性度が弱いため，BuLi のような強塩基を用いる必要がある．

6・6・3 ソムレー転位（Sommelet rearrangement）

ベンジルトリメチルアンモニウム塩に液体アンモニア中のナトリウムアミド（NaNH$_2$ in liquid ammonia）やフェニルリチウム PhLi などの強塩基を作用させると，ベンゼン環の o-位に置換基を有するベンジルジメチルアミンが得られる（式6-20）．この転位反応は，Sommelet 転位と呼ばれる．では，この転位反応はどのように進行するのだろうか．

まず，強塩基を作用させると，N-イリド（N-ylide）が生成する．アニオンによる分子内求核置換がベンゼン環の o-位で起こり，メチレンシクロヘキサジエンが生成する．最後に，プロトンが移動し，芳香化することにより生成物が得られる．

ベンジルトリメチル
アンモニウム塩

メチレンシクロヘキサジエン

(6-20)

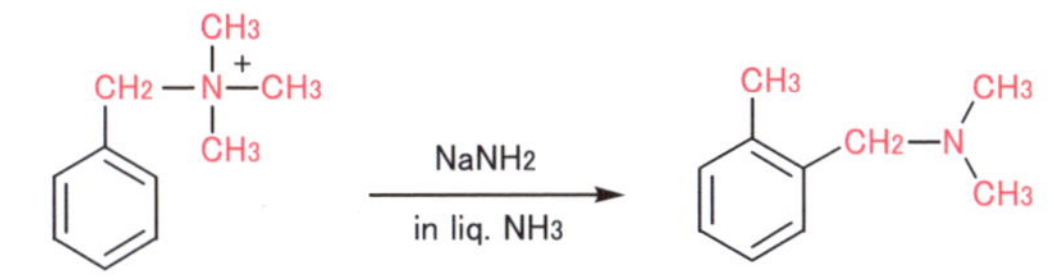

この転位反応で注意することは，第四級アンモニウム塩のアルキル基が β-水素をもつ場合，第7章で述べるホフマン脱離（Hofmann elimination）が優先的に起こる（式6-21）。

(6-21)

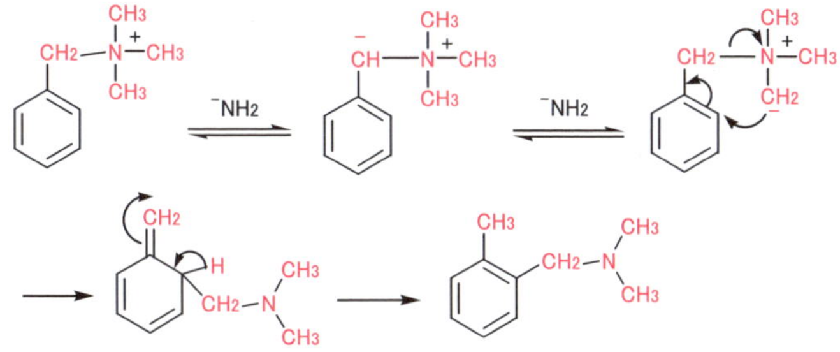

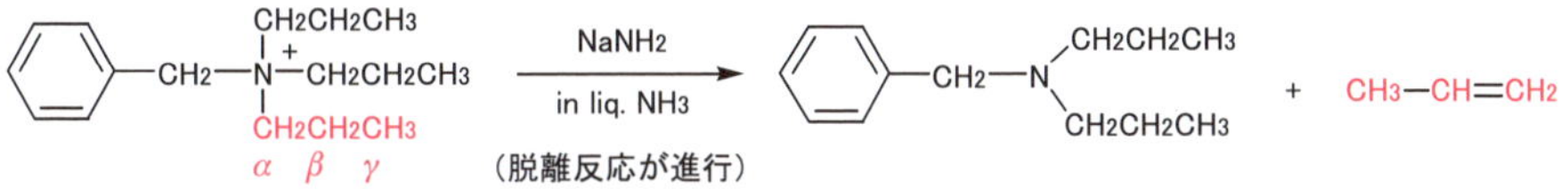

6・6・4 ファボルスキー転位（Favorskii rearrangement）

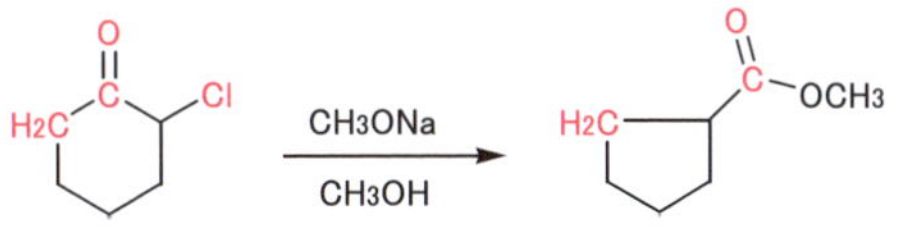

α-クロロシクロヘキサノンのような α-ハロケトン（α-haloketone）にナトリウムメトキシド CH_3ONa のような強塩基を作用させると，シクロプロパン中間体を経由して，シクロペンタンカルボン酸メチルのようなエステルが得られる（式6-22）。この転位反応は，Favorskii 転位と呼ばれる。では，この転位反応はどのように進行するのだろうか。

α-クロロシクロ
ヘキサノン

シクロペンタン
カルボン酸メチル

(6-22)

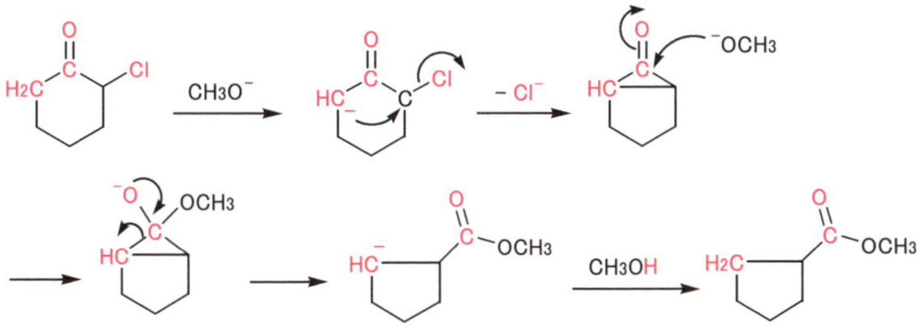

まず，強塩基を作用させると，カルボニル基のα-位にカルボアニオンが生成する。このアニオンが分子内のC-Clの炭素を求核的に攻撃し，シクロプロパン中間体を生成する。さらに，CH_3O^-がカルボニル炭素を攻撃し，環の開裂が起こり，エステルが得られる。このようにFavorskii転位を環状化合物に適用すると，環の縮小を行うことができる。

6・6・5 ベンジル酸転位（benzilic acid rearrangement）

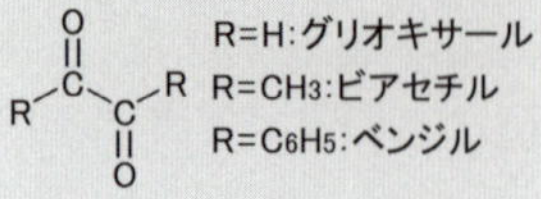

ベンジルのようなα-ジケトン（α-diketone）にNaOHやKOHを作用させると，フェニル基が転位したベンジル酸のようなα-ヒドロキシカルボン酸（α-hydroxy carboxylic acid）が得られる（式6-23）。この転位反応は，ベンジル酸転位と呼ばれる。では，この転位反応はどのように進行するのだろうか。

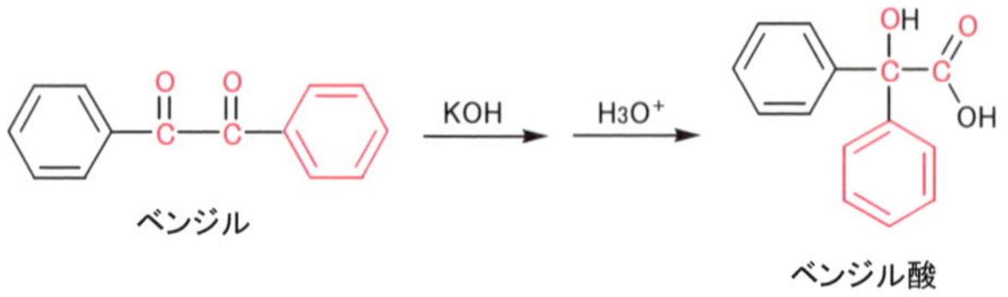

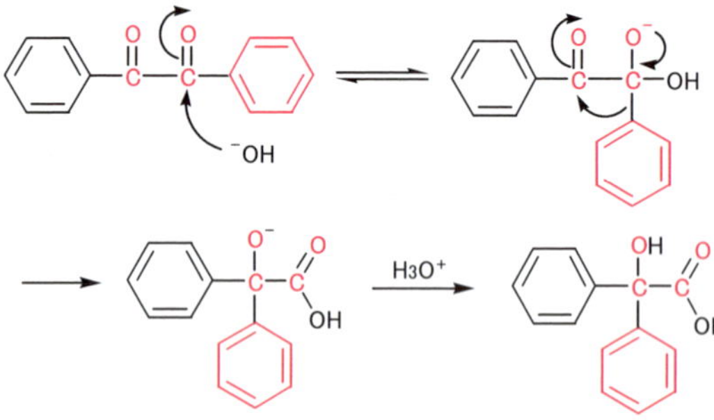

> **α-ジケトン**
>
> 分子内で2個のカルボニル基が隣接している化合物の総称。グリオキサール，ビアセチル，ベンジルなどが典型的な例である。
>
> R=H:グリオキサール
> R=CH₃:ビアセチル
> R=C₆H₅:ベンジル

(6-23)

まず，HO^-がカルボニル炭素を求核的に攻撃し，アニオン$C-O^-$が生成する。さらにこの$C-O^-$がC=Oにもどる際に，フェニル基が隣の炭素に転位し，ベンジル酸が生成する。この転位反応は多くの場合，芳香族α-ジケトンに応用されるが，脂肪族α-ジケトンでも同様な転位反応が認められている。

章末問題

1. 次に示した反応について生成物を記せ。

(a) 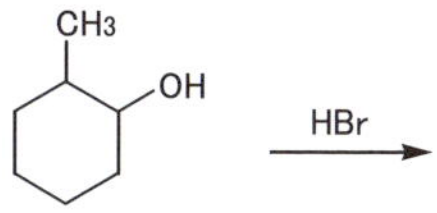 2-メチルシクロヘキサノール + HBr →

(b) 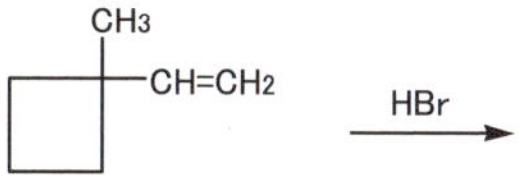 1-メチル-1-(ビニル)シクロブタン + HBr →

(c) 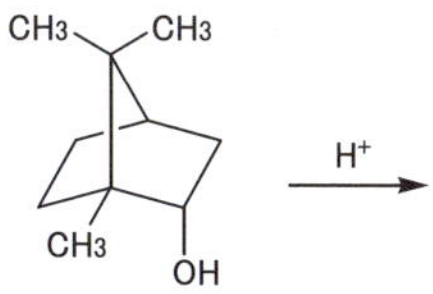 ショウノウ型構造 (CH₃, CH₃, CH₃, OH) + H⁺ →

(d) 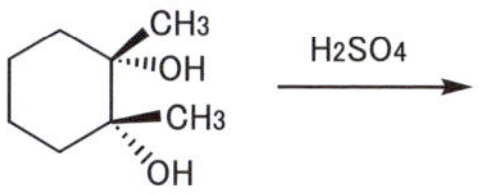 1,2-ジメチル-1,2-シクロヘキサンジオール + H₂SO₄ →

(e) 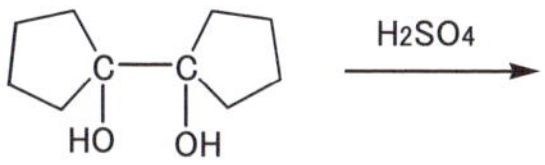 1,1'-ジヒドロキシ-1,1'-ビシクロペンチル + H₂SO₄ →

(f) 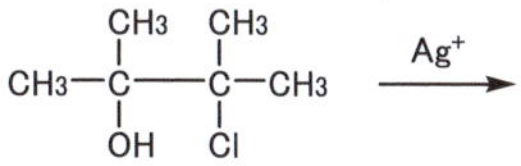 CH₃-C(CH₃)(OH)-C(CH₃)(Cl)-CH₃ + Ag⁺ →

(g) 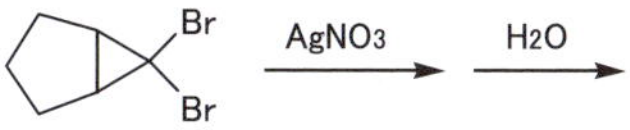 6,6-ジブロモビシクロ[3.1.0]ヘキサン + AgNO₃ + H₂O →

(h) (CH₃)₃C-CH(Br)-C(=O)-CH₃ + CH₃CH₂ONa →

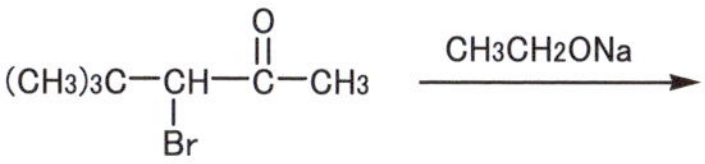

(i) 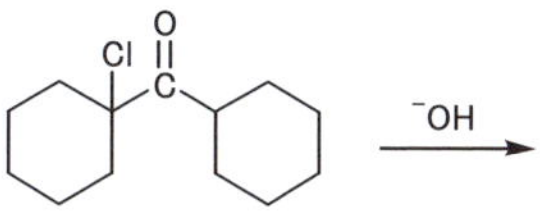 1-クロロ-1-シクロヘキシル シクロヘキシル ケトン + ⁻OH →

(j) 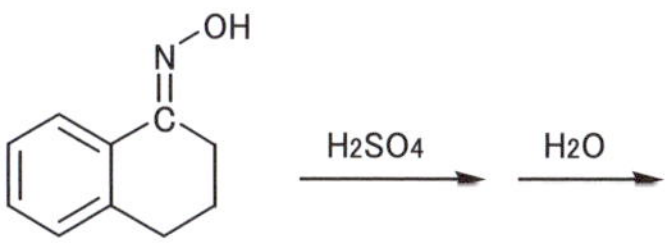 3,4-ジヒドロナフタレン-1(2H)-オンオキシム + H₂SO₄ + H₂O →

(k) 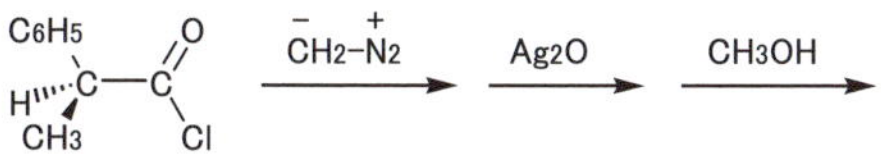 C₆H₅-CH(CH₃)-C(=O)Cl + ⁻CH₂-N₂⁺ → Ag₂O → CH₃OH

(l) 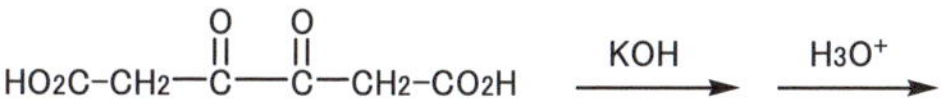 HO₂C-CH₂-C(=O)-C(=O)-CH₂-CO₂H + KOH → H₃O⁺

(m) 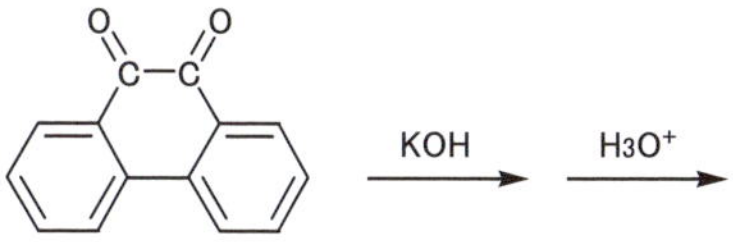 フェナントレン-9,10-ジオン + KOH → H₃O⁺

解 答

(a) [反応機構図：2-メチルシクロヘキサノールにH^+が付加し、$-H_2O$後に第二級カルボカチオンが生成、H^-が転位して第三級カルボカチオンとなり、^-Brが付加して1-ブロモ-1-メチルシクロヘキサンを与える。]

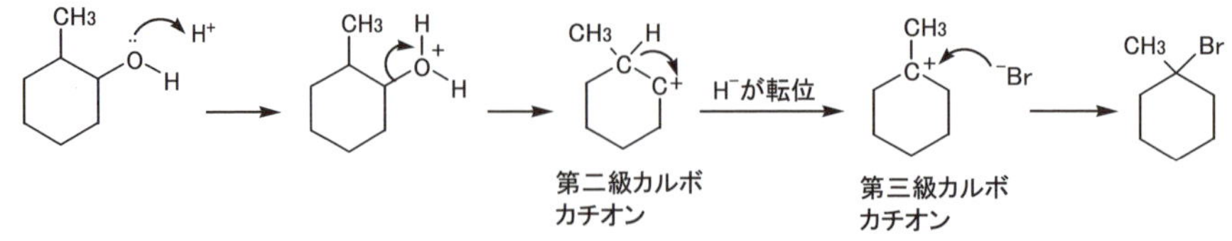

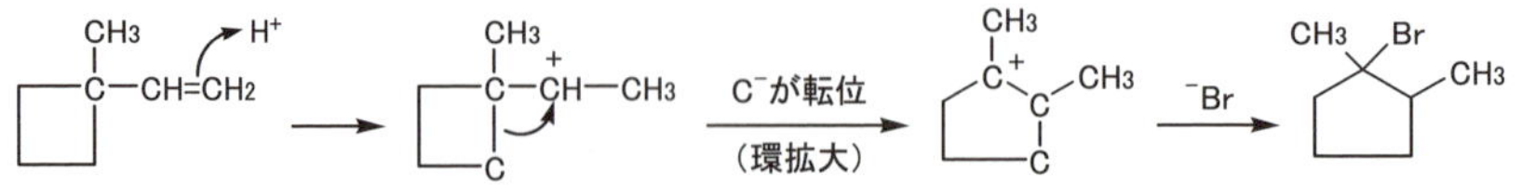

(b) [反応機構図：1-メチル-1-ビニルシクロブタンにH^+が付加し、カルボカチオン生成後、C^-が転位（環拡大）して五員環カチオンとなり、^-Brが付加する。]

(c) [反応機構図：ボルネオール類似化合物からH^+、$-H_2O$でカルボカチオン生成、C^-が転位、$-H^+$でカンフェン型生成物となる。]

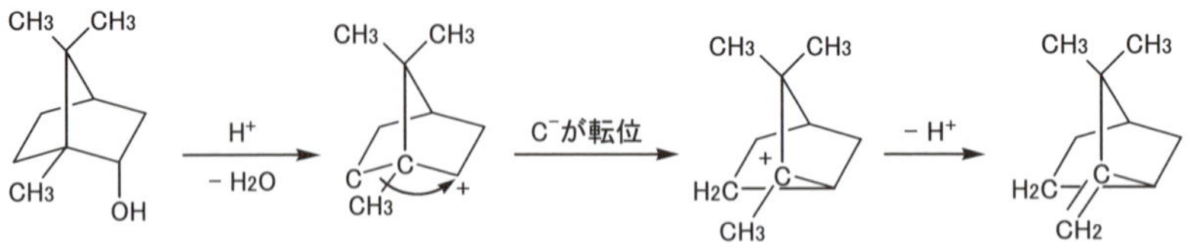

(d)と(e)の反応は，ピナコール-ピナコロン転位と同じ反応メカニズムで進行する。

(d) [反応機構図：1,2-ジメチル-1,2-シクロヘキサンジオールがH^+、$-H_2O$でカチオン、C^-が転位して環縮小、$-H^+$で1-アセチル-1-メチルシクロペンタンを与える。]

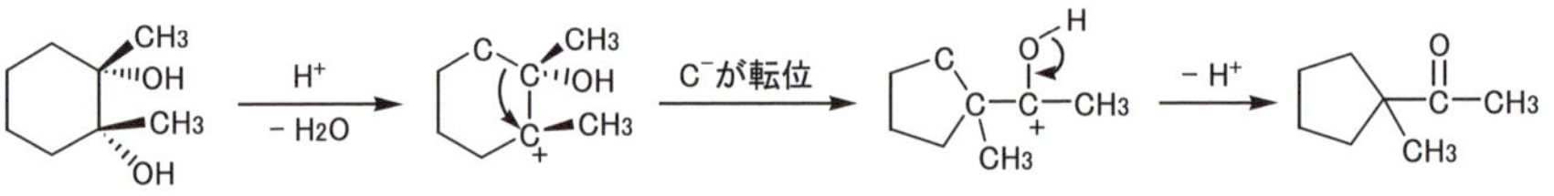

(e) [反応機構図：1,1'-ビシクロペンチル-1,1'-ジオールがH^+、$-H_2O$でカチオン、C^-が転位（環拡大）、$-H^+$でスピロ[4.5]デカン-6-オンを与える。]

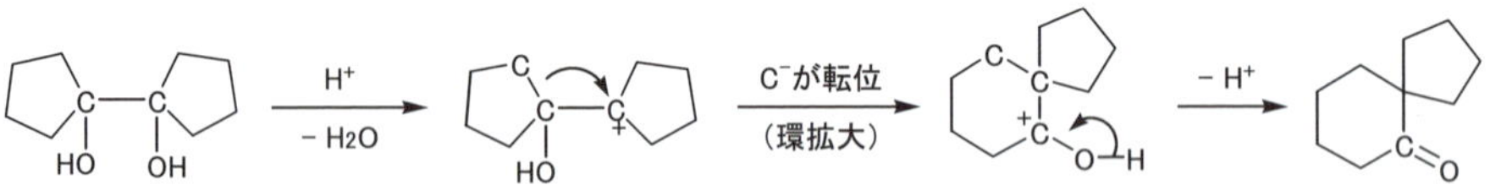

(f) Cl が Ag^+ により引き抜かれ，カルボカチオンが生成する。

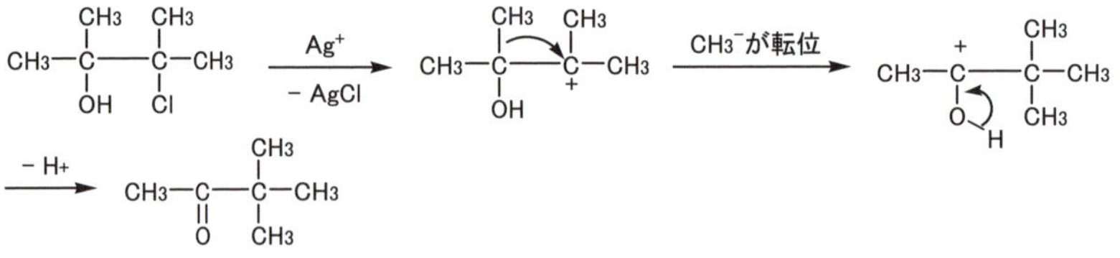

[反応機構図：3-クロロ-2-メチル-2,3-ジメチルブタン-2-オールがAg^+、$-AgCl$でカチオン、CH_3^-が転位、$-H^+$でピナコロン型ケトンを与える。]

(g) [反応機構図：ジブロモビシクロ[3.1.0]ヘキサンがAg^+、$-AgBr$でシクロプロピルカチオン、C^-が転位（環拡大）してブロモシクロヘキセニルカチオン、$H_2O:$が付加、$-H^+$で2-ブロモ-2-シクロヘキセノールを与える。]

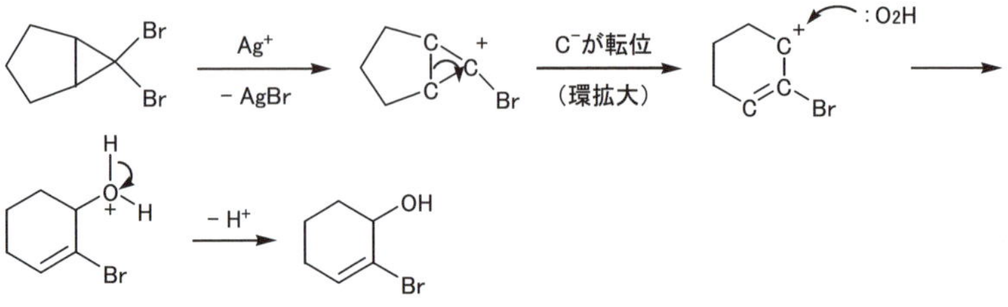

(h)と(i)の反応は，Favorskii 転位である。

(h) 反応機構図

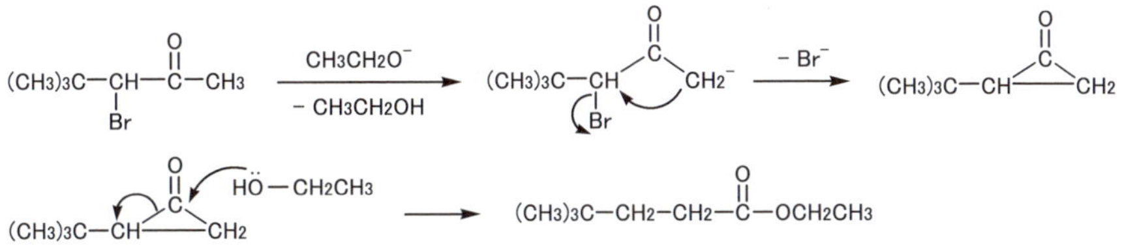

(i) 反応機構図

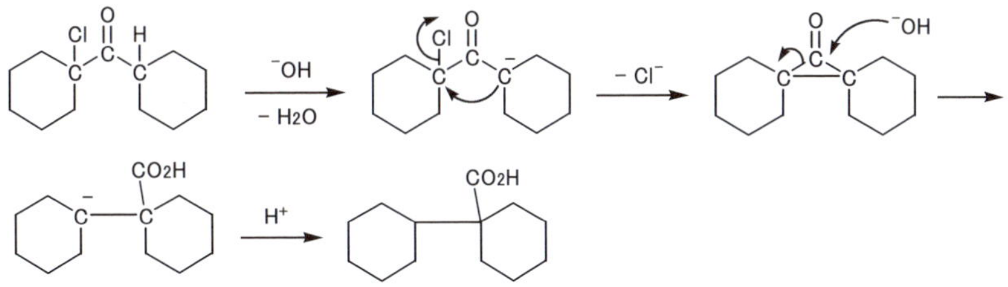

(j) 反応機構図

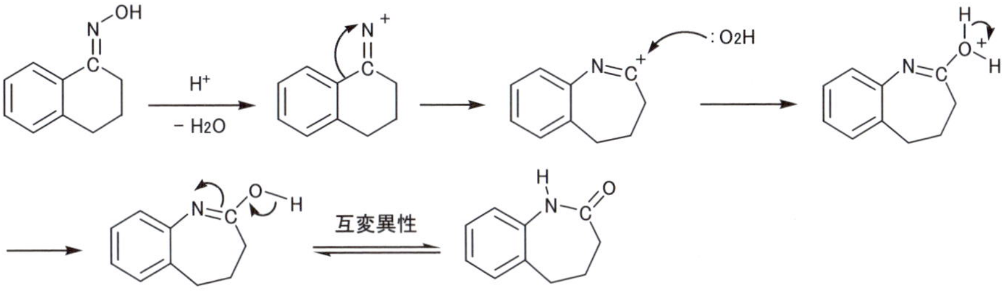

(k) Wolff 転位では，移動する基の立体は保持される。

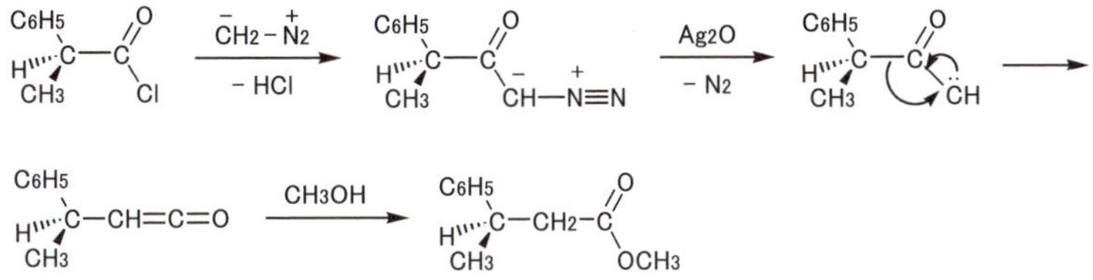

反応機構図

(l)と(m)の反応は，ベンジル酸転位と同じ反応メカニズムで進行する。

(l) 反応機構図

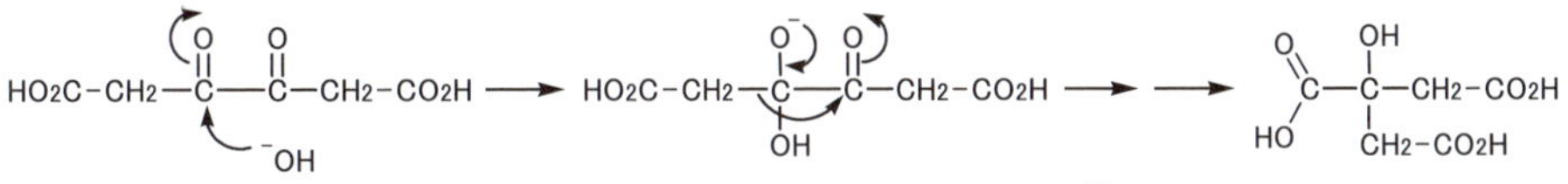

(m) 反応機構図

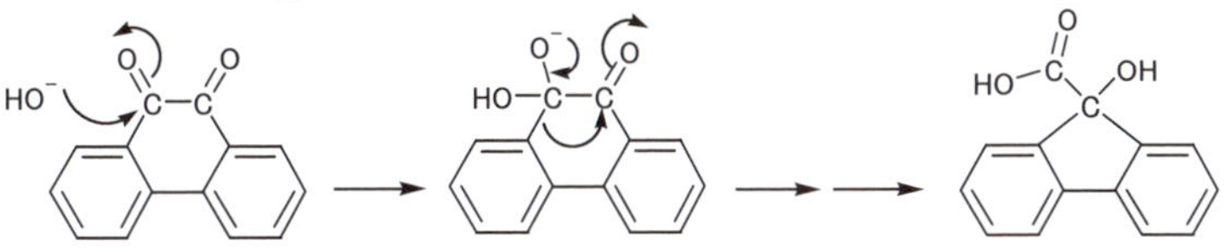

2. 次の5つの反応についてメカニズムを記せ。

(a) フェニル酢酸エステル + AlCl₃ → o-ヒドロキシアセトフェノン + p-ヒドロキシアセトフェノン

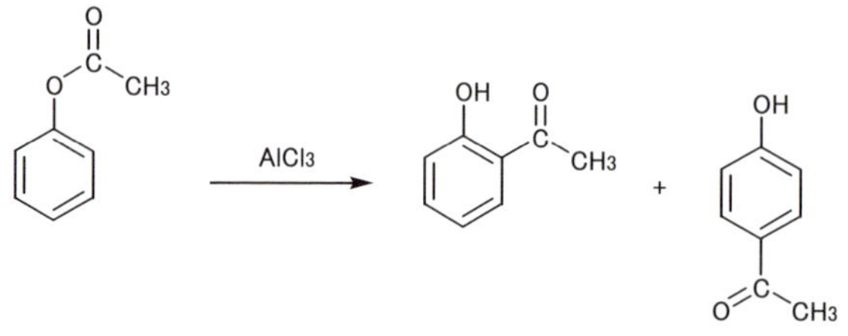

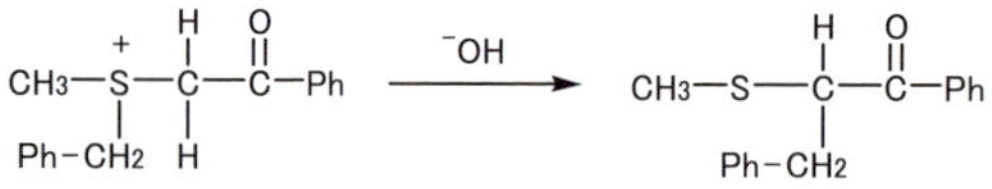

(b) CH₃-S⁺(Ph-CH₂)-CH(H)-C(=O)-Ph ⁻OH→ CH₃-S-C(H)(Ph-CH₂)-C(=O)-Ph

(c) 1-(アミノメチル)シクロペンタノール HNO₂→ シクロヘキサノン

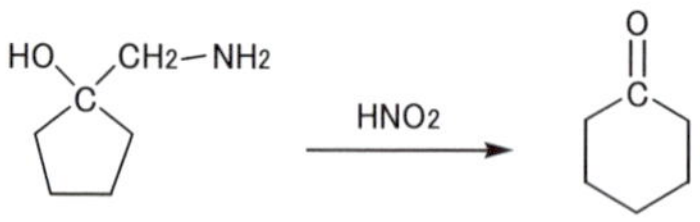

(d) シクロプロピルメチルアミン HNO₂ / H₃O⁺→ シクロブタノール + シクロプロピルメタノール

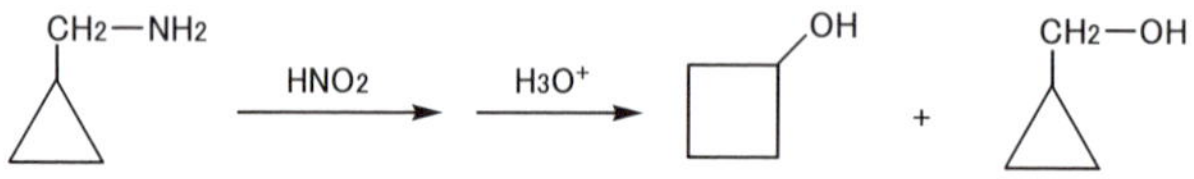

(e) サリチルアルデヒド H₂O₂ / NaOH, H₃O⁺→ カテコール

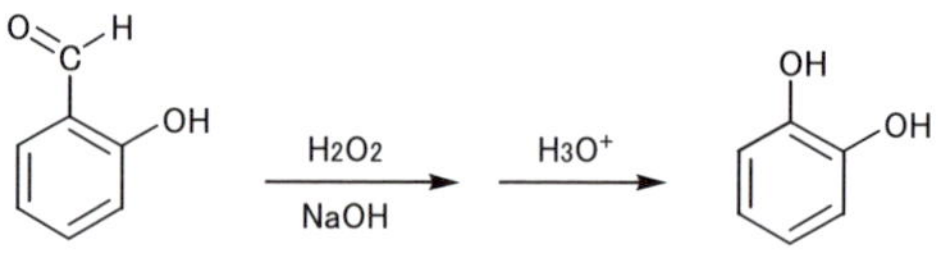

解 答

(a) 脂肪族および芳香族カルボン酸のフェニルエステルを，AlCl₃存在下で加熱すると，o-および p-アシルフェノールが生成する反応は，フリース転位（Fries rearrangement）と呼ばれる。

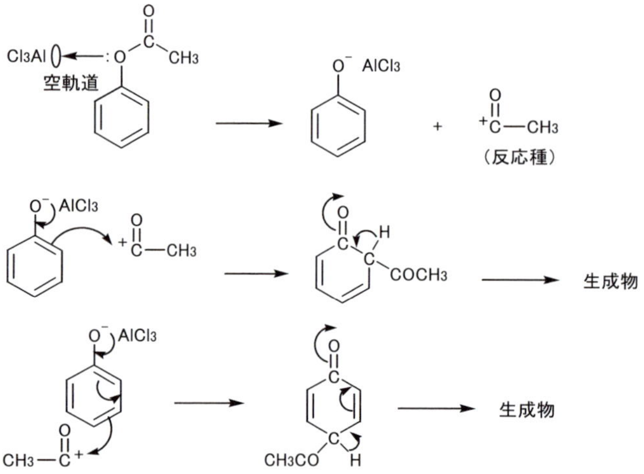

(b) Stevens転位は，カルボニル基をもつ第四級アンモニウム塩だけでなく，スルホニウム塩においても進行する。

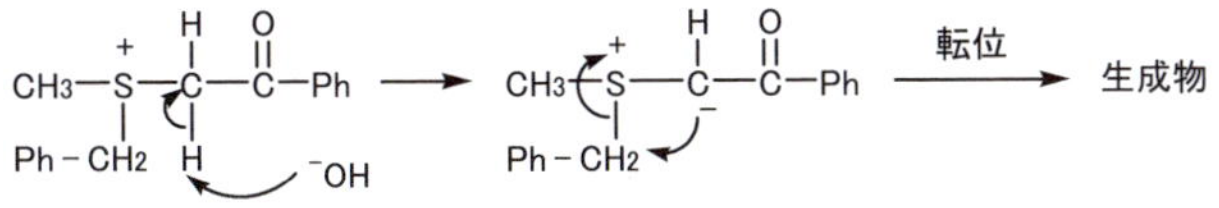

(c) 1,2-アミノアルコールに亜硝酸を作用させると，転位が起こりカルボニル化合物が生成する反応は，ティフノー反応（Tiffeneau reaction）と呼ばれる。

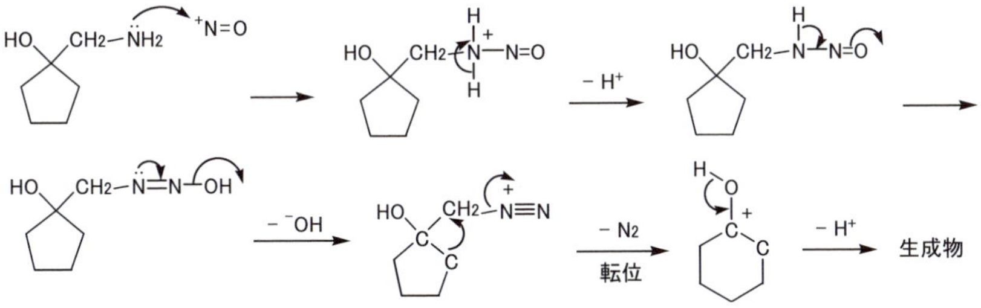

(d) 脂肪族第一級アミンに亜硝酸を作用させると，転位が起こりアルコールが生成する反応は，デミヤノフ転位（Demjanov rearrangement）と呼ばれる。

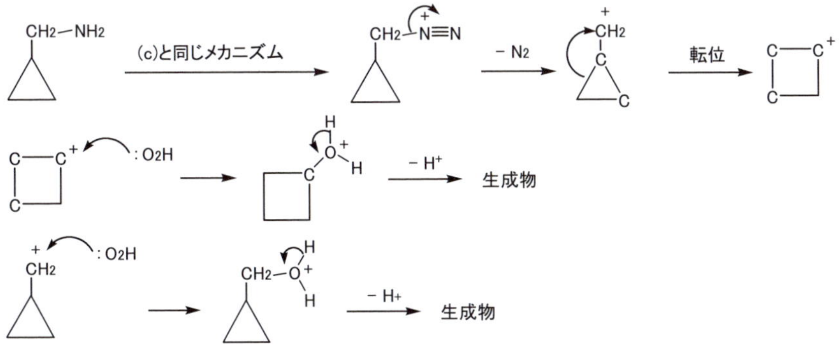

(e) o-およびp-ヒドロキシ芳香族アルデヒドをアルカリ水溶液中過酸化水素水で処理すると，o-およびp-ジヒドロキシ芳香族化合物が得られる反応は，デーキン反応（Dakin reaction）と呼ばれる。

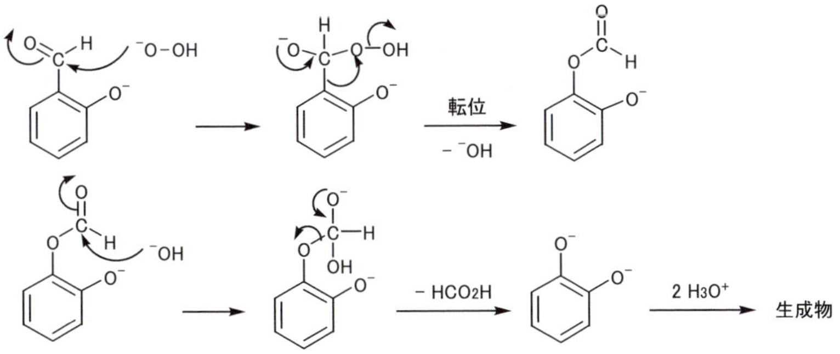

3. 非対称1,2-ジオールを用いてピナコールーピナコロン転位を行うと，(a) のみが得られ (b) は全く得られない。その理由を説明せよ。

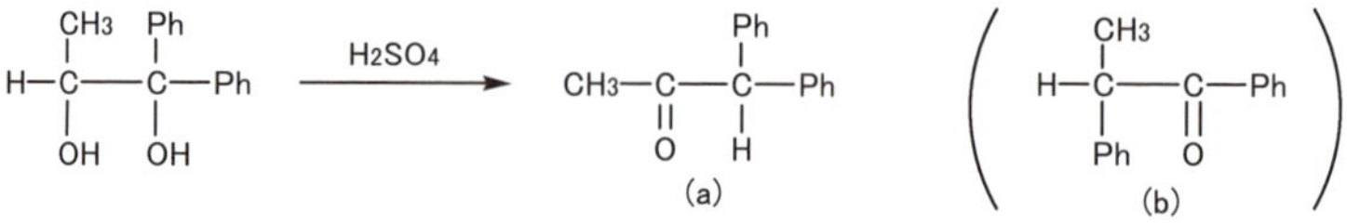

解　答

脱水によるカルボカチオンとしては，2種類が可能である。(2) のカルボカチオンより (1) のカルボカチオンの方が非局在化により，はるかに安定である。したがって，転位生成物として，(a) のみが得られる。

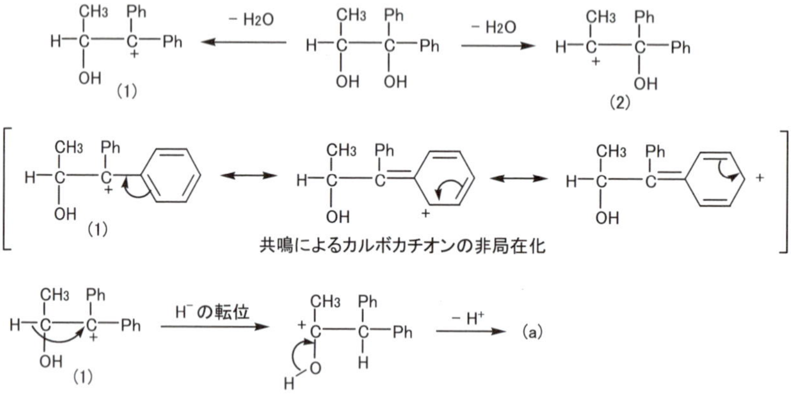

7 脱離反応

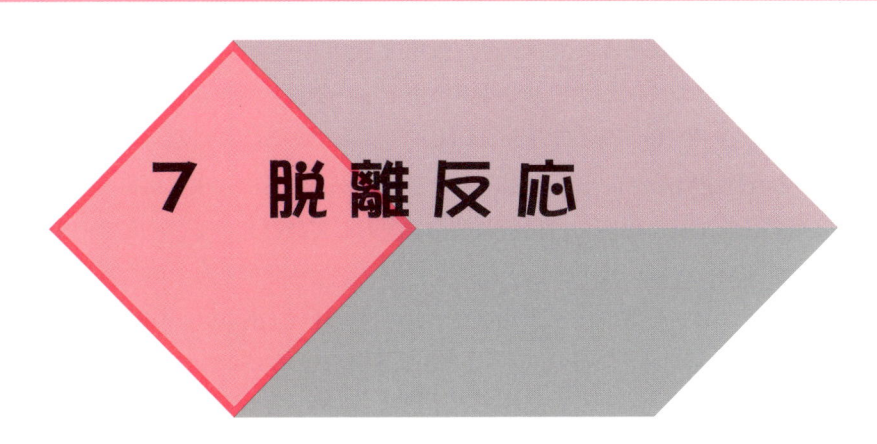

1つの分子から，2つの原子または原子団が取り除かれる反応は，脱離反応 (elimination) と呼ばれる（図7・1）。脱離反応は，しばしば1,2-脱離とかα,β-脱離とも呼ばれる。脱離反応には，E2反応，E1反応およびE1cB反応の3つのメカニズムが知られている。この章では，それぞれの脱離反応のメカニズムについてわかりやすく解説する。

$$\underset{\beta}{\overset{H}{\underset{|}{C}}}\underset{\alpha}{\overset{|}{\underset{|}{C}}} \longrightarrow \quad \text{C=C} \quad + \quad \text{H-X}$$

X：脱離基　$-Cl, -Br, -I, -NO_2, -SO_3R, -CO_2R, -\overset{+}{O}H_2, -\overset{+}{S}R_2, -\overset{+}{P}R_3, -\overset{+}{N}R_3$

図7・1　脱離反応

7・1　二分子脱離反応：E2反応

この脱離反応は，級数の低いハロゲン化アルキルに強塩基を作用させた場合によく見られる。具体例としては，(2-ブロモエチル)ベンゼンにナトリウムメトキシド CH_3ONa を作用させると，E2反応生成物であるスチレンと S_N2 反応生成物である 1-メトキシ-2-フェニルエタンが生成する（式7-1）。

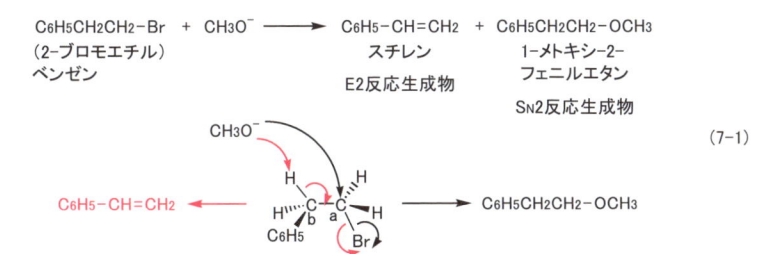

$$C_6H_5CH_2CH_2-Br + CH_3O^- \longrightarrow C_6H_5-CH=CH_2 + C_6H_5CH_2CH_2-OCH_3$$

（2-ブロモエチル）ベンゼン　　　　　　　　スチレン　　　1-メトキシ-2-フェニルエタン
　　　　　　　　　　　　　　　E2反応生成物　　　S_N2反応生成物

(7-1)

二面角

下図において，X-C-C で決まる面と Y-C-C で決まる面とがつくる角度を二面角(ϕ)と呼ぶ。

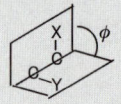

競争反応

以下に示したように，ある物質 A が複数の試薬 B と競争的に反応する化学反応で，併発反応の一種である。複数の生成物 C が得られる。

$A + B_1 \longrightarrow C_1$
$A + B_2 \longrightarrow C_2$
$A + B_3 \longrightarrow C_3$

一般的に E2 反応は以下のような特徴をもつ。1) この反応の速度式は，ハロゲン化アルキルとナトリウムメトキシドの濃度の積で表すことができる。これが E2 (Elimination, bimolecular) の由来である。2) 反応は，CH_3O^- のような強塩基が β - 位の水素を引き抜きながら，そこに生じた電子対で二重結合を形成しながら，臭素原子が Br^- として抜けていく，いわゆる協奏反応 (concerted reaction) が起こり，単一の遷移状態を経由して反応が進行する。3) 脱離が最も進行しやすいのは，$H - C(\beta) - C(\alpha) - Br$ の二面角 (dihedral angle) が 180° であるトランス脱離である。4) この反応では，反応の初期の段階から二重結合の形成が起こるため，原料の立体を保持したアルケンが生成する。5) CH_3O^- が強塩基ではなく，反応性の高い求核試薬として作用すると，S_N2 反応が競争反応 (competitive reaction) として起こる。項目 3) と 4) については，後述の 7・5 で詳しく取り扱う。

2-ブロモブタンのように，2 種類の β - 位水素をもつ出発物質とナトリウムメトキシドとの反応では，複数の生成物が混合物として得られる。すなわち，エチル基側の β - 位水素が関与して生成した (E)-2-ブテンと (Z)-2-ブテン，メチル基側の β - 位水素が関与して生成した 1-ブテンの計 3 種類のアルケンと，S_N2 反応生成物である 2-メトキシブタンが得られる (式7-2)。

(7-2)

3 種類のアルケンの生成比は，生成物の相対的な熱力学的安定性に起因し，最も安定な (E) - 体が優先的に生成する。多置換アルケンと末端アルケンの生成については，後述の 7・4 で詳しく取り扱う。

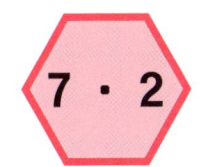

7・2 一分子脱離反応：E1反応

この脱離反応は，三級のハロゲン化アルキルに弱塩基を作用させた場合によく見られる。例えば，2-ブロモ-2-メチルプロパンをエタノール中で加熱すると，E1反応生成物である2-メチルプロペンとS_N1反応生成物である2-エトキシ-2-メチルプロパンが得られる（式7-3）。

(7-3)

E1の場合：
エタノールのOの非共有電子対が塩基として作用する。

S_N1の場合：
エタノールのOの非共有電子対が求核試薬として作用する。

一般的に，E1反応は以下のような特徴をもつ。1）この反応の速度式は，ハロゲン化アルキルの濃度のみに依存する。これが E1（Elimination, unimolecular）の由来である。2）反応は，まず Br^- が脱離してかなり安定なカルボカチオン中間体が生成する。3）弱塩基である CH_3CH_2OH の非共有電子対が β-位の水素を引き抜くとアルケンが生じる。4）CH_3CH_2OH が弱塩基ではなく，求核試薬として作用すると，S_N1 反応が競争反応として起こる。

7・3 炭素陰イオン型一分子脱離反応：E1cB反応

同じ一分子脱離反応でも，強塩基性条件下ではプロトンの方が脱離基よりも先に脱離して，カルボアニオン（carbanion）が生成する場合がある。この種の反応機構は，炭素陰イオン型一分子脱離反応（E1cB: Elimination, unimolecular, conjugate Base）と呼ばれる。この脱離反応は，プロトンが引き抜かれやすく，かつ脱離基の脱離能が低い場合に見られる。例えば，1,1,1-トリフルオロ-2-フェニルエタンにエタノール中ナトリウムエトキシド CH_3CH_2ONa を作用させると，スチレン誘導体が得られる（式7-4）。

$$C_6H_5CH_2CF_3 \xrightarrow[\text{in } CH_3CH_2OH]{CH_3CH_2ONa} C_6H_5-CH=CF_2$$

1,1,1-トリフルオロ-2-フェニルエタン → 1,1-ジフルオロ-2-フェニルエテン

$$C_6H_5-\underset{H}{\overset{H}{C}}-\underset{F}{\overset{F}{C}}-F + CH_3CH_2O^- \underset{\text{速い}}{\rightleftharpoons} C_6H_5-\underset{H}{\overset{-}{C}}-\underset{F}{\overset{F}{C}}-F + CH_3CH_2OH \quad (7\text{-}4)$$

$$C_6H_5-\underset{H}{\overset{-}{C}}-\underset{F}{\overset{F}{C}}-F \longrightarrow C_6H_5-CH=CF_2 + F^-$$

では，この脱離反応はどのように進行するのだろうか。

まず，$CH_3CH_2O^-$ が β-位の水素を引き抜き，かなり安定なカルボアニオンが生成する。なぜなら，生成したアニオンは隣接する3個の電子求引性のF原子によるアニオンの非局在化とベンゼン環との共鳴によるアニオンの非局在化が可能である。この段階が，E2反応と異なる（E2反応では水素の引き抜きと同時に脱離基の脱離が協奏的に起こる）。続いて，カルボアニオンから脱離能の低い F^- が脱離し，スチレン誘導体が得られる。この段階が律速段階（rate-determining step）であるため，カルボアニオンの濃度に対して一次となり，E1cB と分類される。

さらに，E2 と E1cB 反応の決定的な違いは，同位体標識の交換反応をみればよい。すなわち，E2 反応では，1段階の遷移状態を経由するため，溶媒に重水素化エタノール CH_3CH_2OD を用いても重水素交換は起こらないが，E1cB 反応では出発原料とカルボアニオン間に平衡が存在するため，重水素交換が起こり未反応出発物質中に $C_6H_5CH(D)CF_3$ が含まれる。

同位体標識

分子中のある特定の元素の挙動を検知できるようにするため，同位体元素を導入して目印を付けること。ここでは，エタノール C_2H_5OH の水素Hを重水素Dで標識している。

7・4 E2における脱離の配向性：ザイツェフ則（Saytzeff rule）とホフマン則（Hofmann rule）

分子中に2種類の β-位水素が存在する場合，脱離によって1つ以上のアルケンが生じる。例えば，2位に脱離基Xをもつブタンでは，脱離基の性質により2種類のアルケン，2-ブテンと1-ブテン，が生成する（式7-5）。

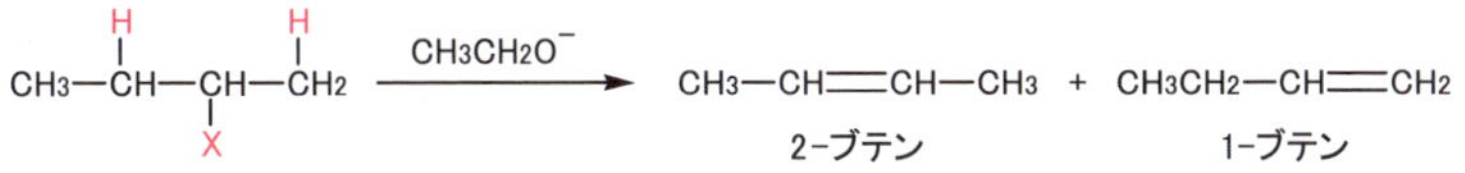

$$CH_3-\underset{X}{\underset{|}{CH}}-\overset{H}{\overset{|}{CH}}_2 \xrightarrow{CH_3CH_2O^-} CH_3-CH=CH-CH_3 + CH_3CH_2-CH=CH_2$$

2-ブテン　　　　　　　1-ブテン

(7-5)

X=	2-ブテン	1-ブテン
Br	81%	19%
S(CH₃)₂ (+)	26%	74%
N(CH₃)₃ (+)	5%	95%

どちらのアルケンが生成しやすいかを予想するために，古くから2つの実験則が用いられてきた。1つは，X=Brのように"二重結合炭素上にできる限り多くのアルキル基をもつようなアルケンが優先的に生成する"というSaytzeff則であり，もう1つはX=$^+$N(CH$_3$)$_3$や$^+$S(CH$_3$)$_2$のように"二重結合にできる限り少ないアルキル基をもつアルケンが優先的に生成する"というHofmann則である。どちらの一般則も正しい。要するに，脱離によって生成する2種類のアルケンの生成割合は，脱離基Xの性質に左右されるということである。

X=BrのようにC-X結合が比較的切断されやすい場合，強塩基がβ-位の水素を引き抜きながら，そこに生じた電子対で二重結合を形成しながら，臭素原子がBr$^-$として抜けていく協奏反応が起こるため，二重結合が全反応過程の初期にできはじめる。すなわち，遷移状態は多分に二重結合性をもち，より安定な多置換アルケン（二重結合の炭素にアルキル基が多く置換すればするほど安定）の生成が優先的に起こることになる。

Xとして第四級アンモニウム塩やスルホニウムが置換した場合，1）電子的要因と2）立体的要因で末端アルケンが優先的に生成することになる。まず，電子的要因であるが，$^+$N(CH$_3$)$_3$や$^+$S(CH$_3$)$_2$はカチオン性の置換基であるため強い電子求引基である。これにより，両β-位炭素上の電子は強くカチオン性置換基の方へ引き寄せられ，結果としてプロトンが放出されやすくなっている。したがって，この条件では遷移状態は"カルボアニオン"的である。では，どちらの炭素からプロトンが放出されやすいだろうか。メチル基からプロトンが放出されると第一級カルボアニオンが，メチレンからプロトンが放出されると第二級カルボアニオンが生じる。カルボアニオンとしては第一級カルボアニオンの方が安定である。次に立体的要因について考察してみよう。Hofmann脱離もSaytzeff脱離もトランス脱離である。両方の脱離において最適な立体配座をニューマン投影式(Newman's projection formula)で描くと，図7・2のようになる。Saytzeff脱離を起こす立体配座では，(a)のように-$^+$N(CH$_3$)$_3$と-CH$_3$が互いに隣り合うのに対し，Hofmann脱離を起こす立体配座では，(b)のように-$^+$N(CH$_3$)$_3$と-CH$_2$CH$_3$が互いに離れた位置にあり，(b)の立体配座のほうが安定である。

> **ニューマン投影式**
>
> Newman投影式とは，分子内の1つの結合に注目し，その結合を作っている2つの原子を手前（円の中心位置で表示）と奥（円で表示）になるように書き，さらに，これら原子に結合している置換基を下図のように表示したもの。ここで，奥の原子d,e,fの結合は円周上にあることに注意。

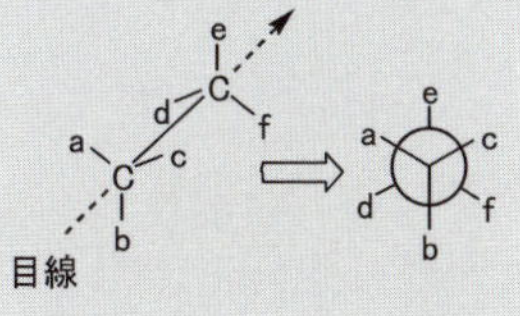

以上に述べた2つの要因で，末端アルケンが優先的に生成することになる。

(a) → 2-ブテン
(b) → 1-ブテン

図 7·2　最安定立体配座の Newman 投影式

7・5　脱離反応における立体化学

脱離反応における立体化学について，もう少し詳しく見てみよう。E2反応においては，次の3点が特徴として挙げられる。1) H-Cβ-Cα-X が同一平面にあるような立体配座（conformation）をとる。そして H$^+$ と X$^-$ が離れるにつれて形成される Cβ-Cα 間の p-軌道は，お互いに平行になりπ-結合形成にあたって重なりが最大となる。2) H と X はトランス，別の言い方をすればアンチ-ペリ平面状（*anti*-periplanar）がよい。それは，入ってくる電子対と離れていく電子対との電子的な反発を考慮すると，お互いにできる限り離れた位置をとるほうが有利なためである。3) 強塩基（ここでは，CH$_3$CH$_2$O$^-$）は，立体的に込み合っていない部分から攻撃を開始する。具体例を，式（7-6）に示した。出発物質にジアステレオマーを用いると，

> **立体配座**
>
> コンホメーションともいう。C-C, C-O, C-N などの単結合の回転によって立体的に異なった構造ができるとき，これら単結合周辺の原子または原子団の空間的配列を意味する。

> **アンチ-ペリ平面状**
>
> 立体配座を表す用語の1つで，X-C-C-Yのなす二面角（ϕ）が 180±30° であることを示す。

エリトロ体 → (Z)-1,2-ジフェニル-1-プロペン

トレオ体 → (E)-1,2-ジフェニル-1-プロペン　　　(7-6)

(トレオ体 ⇸ (Z)-体
シス脱離による(Z)-体は生成しない。)

立体配置が異なる2種類のアルケンが選択的に得られる。エリトロ体の1-ブロモ-1,2-ジフェニルプロパンからは(Z)-1,2-ジフェニル-1-プロペンが，トレオ体の1-ブロモ-1,2-ジフェニルプロパンからは(E)-1,2-ジフェニル-1-プロペンのみが生成する。

では，E1反応では，どのような立体化学になるのだろうか。この反応はカルボカチオン中間体を経由する2段階反応であるため，出発物質にジアステレオマーを用いても，同じカルボカチオンが生成するため，E, Z-体の混合物が得られる。例えば，ジアステレオマーのトシラートのいずれを出発物質に用いた場合にも，同じカチオン中間体をへてβ-位の水素が脱離し，(Z)-と(E)-1,2-ジフェニル-1-プロペンの混合物が得られる（式7-7）。

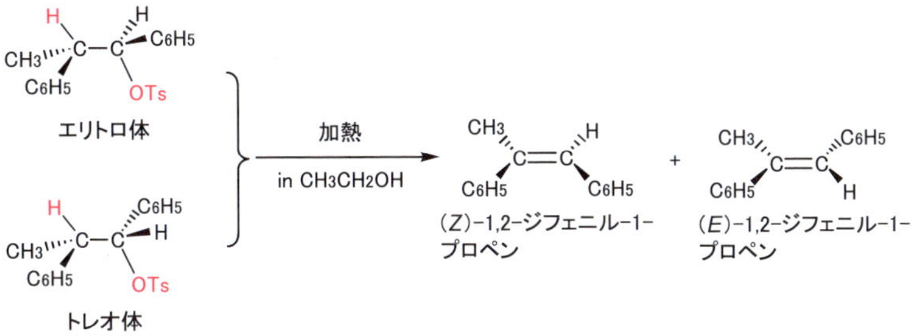

E1反応では、どちらのジアステレオマーから出発しても同じカルボカチオン中間体が生成する。

(7-7)

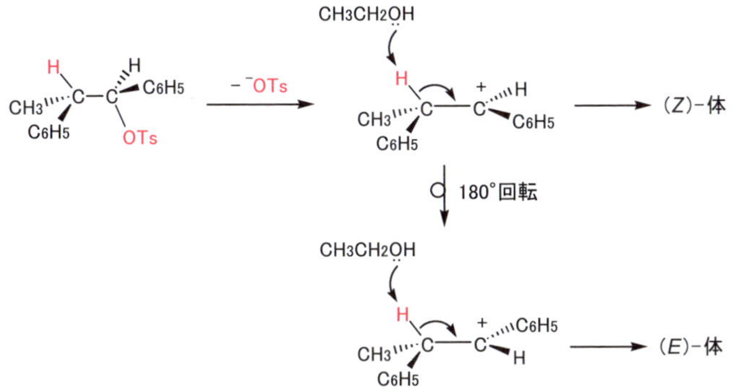

エリトロ体を用いて解説すると，まず，トシラートイオンが脱離し，カルボカチオン中間体が生成する。ここで，エタノールの酸素原子Oの非共有電子対が塩基として作用し，水素を引き抜くと(Z)-アルケンが生成する。また，カルボカチオン中間体のC-C単結合のまわりで180°回転した後，水素の引き抜きが起こると(E)-アルケンが生成する。

7・6 シス脱離

これまでに述べてきた例は，いずれもトランス脱離（アンチ脱離）であった。しかし以下に紹介する例は，立体的な要請で脱離していく H と X が同じ側にあるシス脱離（シン脱離）の例である。一般にこの反応の速度式は，基質（出発物質）の濃度のみに比例することから，E1 反応と同じになるが，立体選択性の点で E1 反応とは区別される。また，以下に述べる反応は，Ei 脱離（Elimination, intramolecular）と呼ばれることもある。

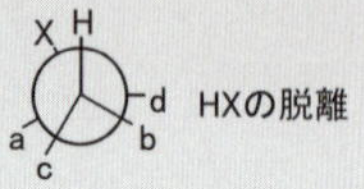

7・6・1 コープ反応（Cope reaction）

β-位に水素原子をもつアミンの過酸化水素 H_2O_2 による酸化で得られるアミン N-オキシドを加熱すると，アルケンが生成する。この反応は，Cope 反応と呼ばれる。例えば，N,N-ジメチルフェネチルアミンの N-オキシドを加熱すると，スチレンと N,N-ジメチルヒドロキシルアミンが得られる（式7-8）。では，この反応はどのように進行するのだろうか。

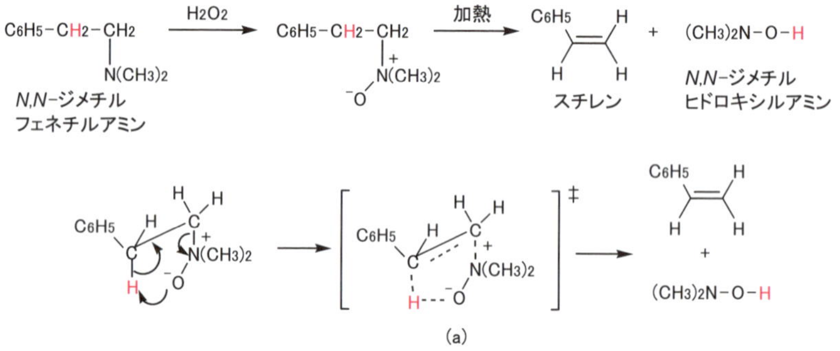

> **シン脱離**
> 下図のように，隣り合う2つの炭素原子から2つの脱離基 HX が脱離する際，同一方向から脱離する反応をシン脱離と呼ぶ。これに対して，反対方向から脱離する反応をアンチ脱離と呼ぶ。

この反応の遷移状態においては，脱離する H と Me_2NO は十分に接近する必要があり，そのためには H と Me_2NO が互いにシン-ペリ平面状（*syn-periplanar*）立体配座をとる必要がある。このように，五員環遷移状態（a）を経由して進む Cope 反応は，シン立体選択性が非常に高いことを示している。

> **シン-ペリ平面状**
> 立体配座を表す用語の1つで，X-C-C-Y のなす二面角（ϕ）が $0 \pm 30°C$ であることを示す。

7・6・2 チュガーエフ反応（Chugaev reaction）

アルコールを NaOH 存在下で二硫化炭素 CS_2 で処理し，続いてヨウ化メチルと反応させるとキサントゲン酸メチル（methyl xanthate）が得られる。このエステルを 100〜250℃ で加熱すると，アルケンが生成する。この反応は，Chugaev 反応と呼ばれる。例えば，フェネチルアルコールから誘導

されるキサントゲン酸メチルを加熱すると，スチレンが得られる(式7-9)。では，この反応はどのように進行するのだろうか。

$$C_6H_5-CH_2-CH_2-OH \xrightarrow[CH_3I]{CS_2, NaOH} C_6H_5-CH_2-CH_2-O-\underset{\underset{S}{\|}}{C}-S-CH_3 \xrightarrow{\text{加熱}}$$
フェネチルアルコール　　　　　　　　　キサントゲン酸メチル

(7-9)

反応は，上述のCope反応と類似のメカニズムで進行するが，この場合は六員環遷移状態 (b) を経由する。六員環遷移状態は，五員環遷移状態にくらべ柔軟で，必ずしも平面である必要はない。したがって，この脱離におけるシン立体選択性の度合いは，Cope 反応よりも低い。

このChugaev反応は，強酸や強塩基を用いることなく，加熱によって反応が進行する点が最大の特徴であり，有機合成においても利用価値が高い反応である。

7・7　その他の脱離反応

この章の流れのなかで紹介できなかったいくつかの脱離反応を，ここで紹介しよう。

7・7・1　金属を用いた脱離反応

金属亜鉛やマグネシウムも，E2反応における塩基として作用することが知られている。例えば，d,l-2,3-ジブロモブタンにエタノール水溶液中で亜鉛を作用させると (Z)-2-ブテンが，$meso$-2,3-ジブロモブタンに亜鉛を作用させると (E)-2-ブテンが得られる (式7-10)。どちらの反応も，トランス脱離が進行し，立体選択的に E-体または Z-体のアルケンを得ることができる。

d, l

物質の旋光性を表す記号。偏光面を右（時計方向）に回転させるものを d(dextrorotatory)，偏光面を左（反時計方向）に回転させるものを l(levorotatory) という。

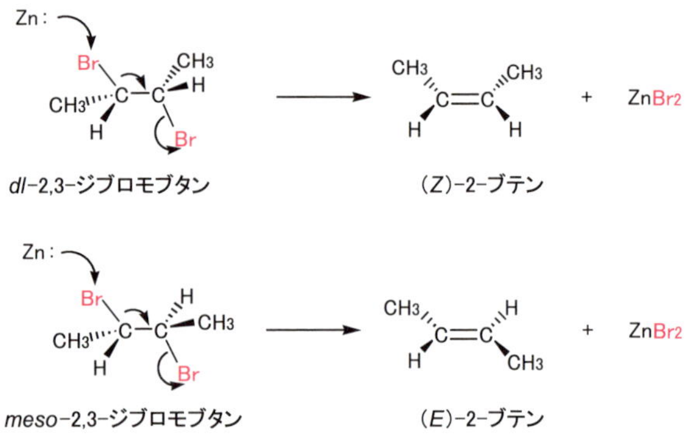

$$\text{{\it dl}-2,3-ジブロモブタン} \xrightarrow{\text{Zn:}} (Z)\text{-2-ブテン} + \text{ZnBr}_2$$

$$\text{{\it meso}-2,3-ジブロモブタン} \xrightarrow{\text{Zn:}} (E)\text{-2-ブテン} + \text{ZnBr}_2 \tag{7-10}$$

7・7・2 水の脱離反応

　アルコールを強酸存在下で処理すると，脱水（dehydration）すなわち水の脱離反応が起こり，アルケンが生成する。この反応も，E1またはE2メカニズムで進行する。一般的に，アルコールの脱水反応は，硫酸やリン酸の存在下，比較的高温（120〜180℃）で加熱することにより達成される。また，アルコールからの水の脱離能は，アルコールの級数により異なる。

　第二級および第三級アルコールでは，E1メカニズムで比較的容易に脱水が起こる。例えば，第二級アルコールである2-ブタノールを50%H_2SO_4存在下100℃で加熱すると2-ブテンが，第三級アルコールである2-メチル-2-プロパノールを濃硫酸存在下50℃で加熱すると2-メチルプロペンが得られる（式7-11）。では，この反応はどのように進行するのだろうか。

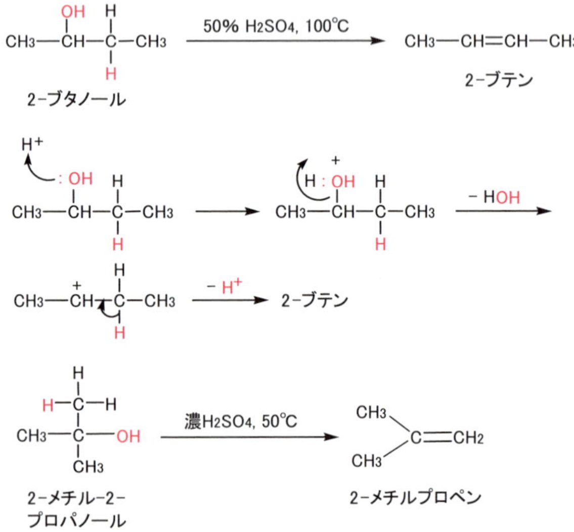

$$\text{2-ブタノール} \xrightarrow{50\% H_2SO_4, 100℃} \text{2-ブテン}$$

$$\text{2-メチル-2-プロパノール} \xrightarrow{\text{濃}H_2SO_4, 50℃} \text{2-メチルプロペン} \tag{7-11}$$

前者の反応を例に説明すると,まず,ヒドロキシル基の酸素原子 O の非共有電子対にプロトン化が起こり,アルキルオキソニウムイオンが生成する。オキソニウムイオンは優れた脱離基であり,水が脱離すると,安定な第二級カルボカチオンが生成し,最後にプロトンが脱離してアルケンが得られる。

　第一級アルコールを,強酸存在下高温で処理してもアルケンが生成する。例えば,1-プロパノールを濃硫酸存在下 180℃ で加熱するとプロペンが得られる(式7-12)。では,この反応はどのように進行するのだろうか。この場合もまず,ヒドロキシル基の酸素原子 O の非共有電子対にプロトン化が起こり,アルキルオキソニウムイオンが生成する。続いて,硫酸水素イオン HSO_4^- によって H_3O^+ の E2 反応が進行し,結果として末端アルケンが得られる。

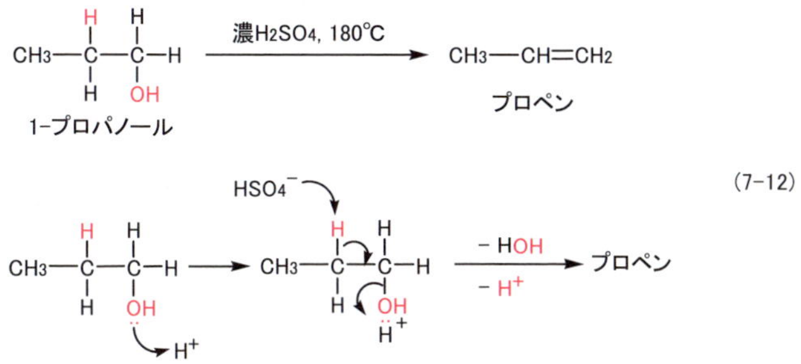

$$\text{CH}_3-\underset{\underset{\text{OH}}{|}}{\overset{\overset{\text{H}}{|}}{\text{C}}}-\underset{\underset{\text{H}}{|}}{\overset{\overset{\text{H}}{|}}{\text{C}}}-\text{H} \xrightarrow{\text{濃H}_2\text{SO}_4, 180℃} \text{CH}_3-\text{CH}=\text{CH}_2$$

1-プロパノール　　　　　　　　　　プロペン

(7-12)

章末問題

1. 次に示した反応について，予想される脱離反応生成物を記せ。

(a) $CH_3-CH_2-OH \xrightarrow{H_2SO_4}$

(b) $CH_3-\underset{\underset{OH}{|}}{\overset{\overset{CH_3}{|}}{C}}-CH_2CH_3 \xrightarrow{H_2SO_4}$

(c) $CH_3-\underset{\underset{Cl}{|}}{CH}-CH_3 \xrightarrow{KOH}$

(d) $CH_3-\underset{\underset{Br}{|}}{\overset{\overset{CH_3}{|}}{C}}-CH_2CH_3 \xrightarrow{CH_3CH_2ONa}$

(e) $CH_3CH_2-\underset{\underset{Br}{|}}{CH}-CO_2H \xrightarrow{KOH}$

(f) シクロヘキシル-Cl $\xrightarrow{KOH}$

(g) $CH_3-CH_2-CH_2-\overset{+}{N}(CH_3)_3 \ I^- \xrightarrow{KOH}$

(h) $CH_3CH_2-\underset{\underset{CH_3}{|}}{CH}-\overset{+}{N}(CH_3)_3 \ I^- \xrightarrow{KOH}$

(i) $Cl-CH_2-CH_2-Cl \xrightarrow{Zn}$

(j) trans-1,2-ジブロモシクロヘキサン $\xrightarrow{Zn}$

解 答

(a) $CH_2=CH_2$

(b) 多置換アルケンが主生成物として得られる。

$(CH_3)_2C=CHCH_3$ (主生成物) + $CH_2=C(CH_3)CH_2CH_3$ (副生成物)

(c) $CH_3-CH=CH_2$

(d) (b)と同じ生成物が得られる。

(e) $CH_3-CH=CH-CO_2H$

(f) シクロヘキセン

(g) $CH_3-CH=CH_2$

(h) Hofmann則に従った1-ブテンが主生成物として得られる。

$CH_3CH_2CH=CH_2$ (主生成物) + $CH_3-CH=CH-CH_3$ (副生成物)

(i) $CH_2=CH_2$

(j) シクロヘキセン

2. 次に示した反応において，脱離反応あるいは置換反応のいずれが優先的に起こりやすいかを考察し，あわせて主生成物を示せ。

(a) 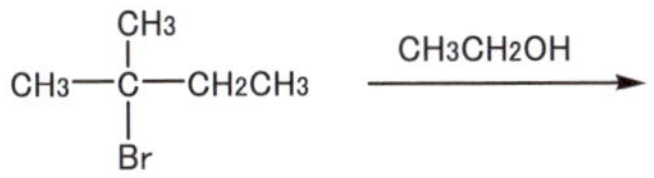 CH₃-C(CH₃)(Br)-CH₂CH₃ + CH₃CH₂OH →

(b) CH₃-CH₂-Br + CH₃CH₂ONa →

(c) C₆H₅-C(CH₃)(Cl)-CH₂CH₃ + CH₃CO₂H →

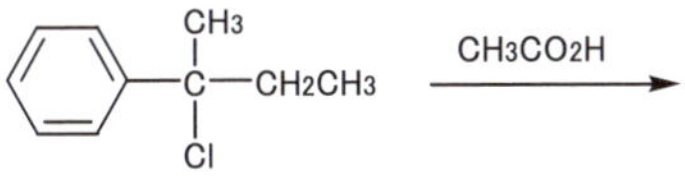

(d) 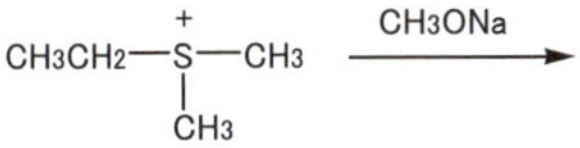 CH₃CH₂-S⁺(CH₃)₂ + CH₃ONa →

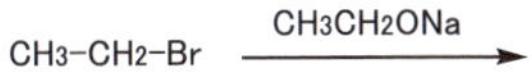

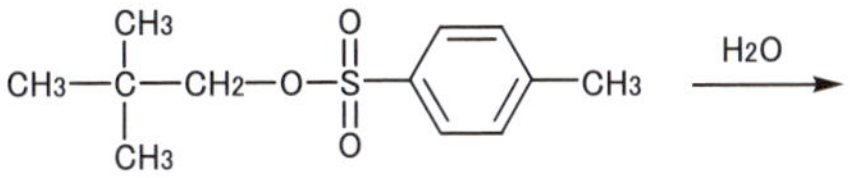

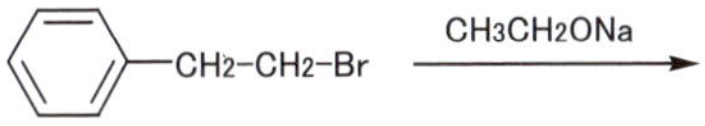

(e) 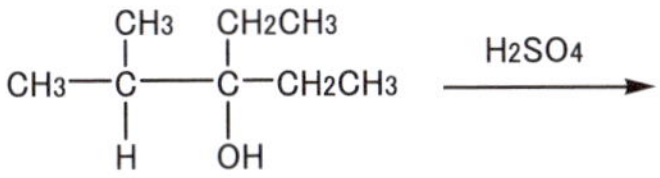 CH₃-CH(CH₃)-C(CH₂CH₃)(OH)-CH₂CH₃ (with H on left C) + H₂SO₄ →

(f) (CH₃)₂CH-C(CH₃)(H)-CH₂-O-SO₂-C₆H₄-CH₃ + H₂O →

(g) C₆H₅-CH₂-CH₂-Br + CH₃CH₂ONa →

(h) CH₃-CH(Br)-CH₃ + AgNO₃ →

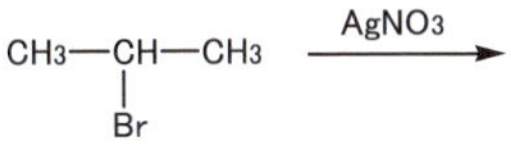

解 答

(a) 第三級ハロゲン化アルキルと求核性の低いエタノールの組み合わせであるので，この反応条件では，E1脱離が進行し，多置換のアルケンが主生成物として得られる。

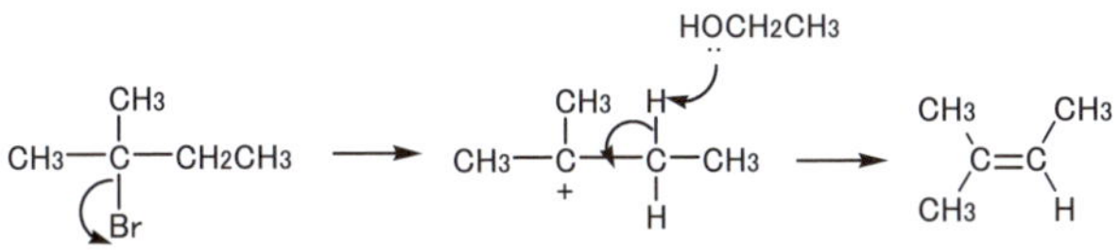

CH₃-C(CH₃)(Br)-CH₂CH₃ → CH₃-C⁺(CH₃)-CH(H)-CH₃ (+ HOCH₂CH₃) → (CH₃)₂C=CH-CH₃

(b) 第一級ハロゲン化アルキルと求核性の高いナトリウムエトキシドの組み合わせであるので，この反応条件では，S$_N$2反応が優先的に起こり，エーテルが得られる。

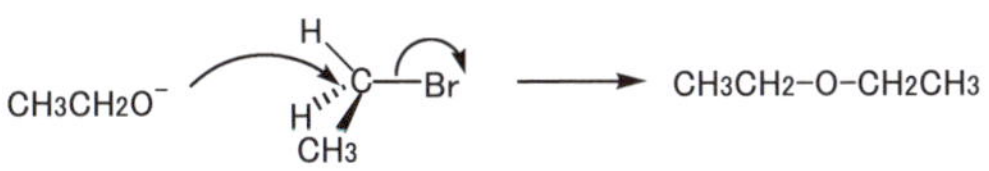

CH₃CH₂O⁻ + H-C(H)(CH₃)-Br → CH₃CH₂-O-CH₂CH₃

(c) 第三級ハロゲン化アルキルと求核性の低い酢酸の組み合わせであるので，この反応条件では，E1脱離由来のアルケンが主生成物として得られる。この反応で生成するカルボカチオンは，ベンゼン環との共鳴により，かなり安定である。

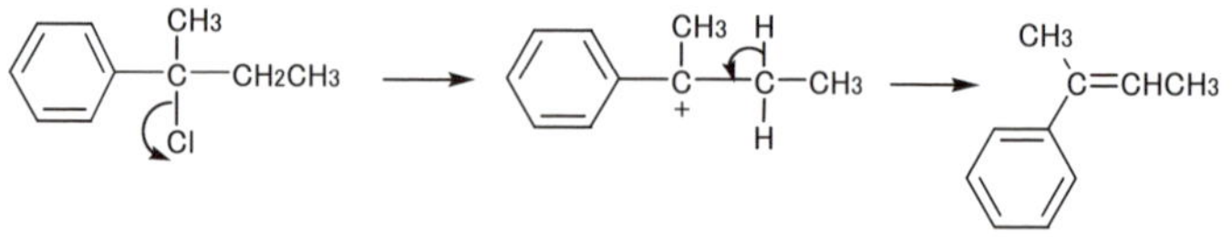

(d) 優れた脱離基である $\overset{+}{S}(CH_3)_2$ と求核性の高いナトリウムメトキシドの組み合わせであるので，この反応条件では，S_N2 反応が優先的に起こり，エーテルが得られる。

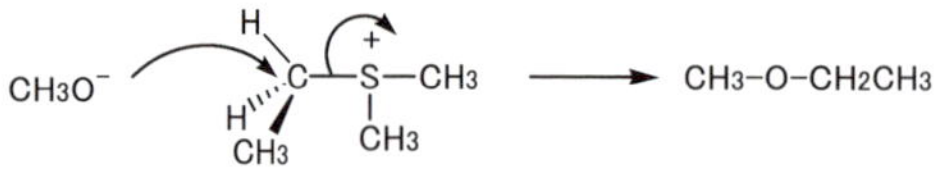

(e) 三級アルコールに強酸を作用させると，E1反応が起こる。この場合，2種類のアルケンの生成が考えられるが，(1)は四置換アルケンであり，(2)は三置換アルケンである。したがって，熱力学的に安定なアルケン(1)が主生成物として得られる。

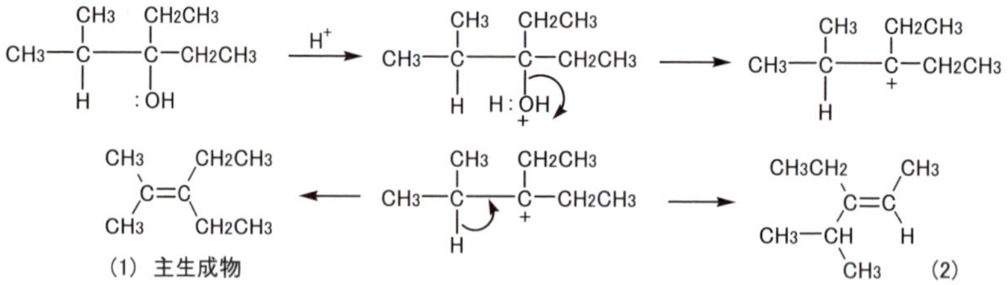

(f) ⁻O-SO$_2$-C$_6$H$_5$-CH$_3$ は，特に優れた脱離基であるので，まず一分子的に脱離が起こり一級のカルボカチオンが生成する。続いて，CH$_3$⁻ の転位が起こり，かなり安定な三級カルボカチオンが生成する。最後に，プロトンが脱離して，アルケンが生成する。

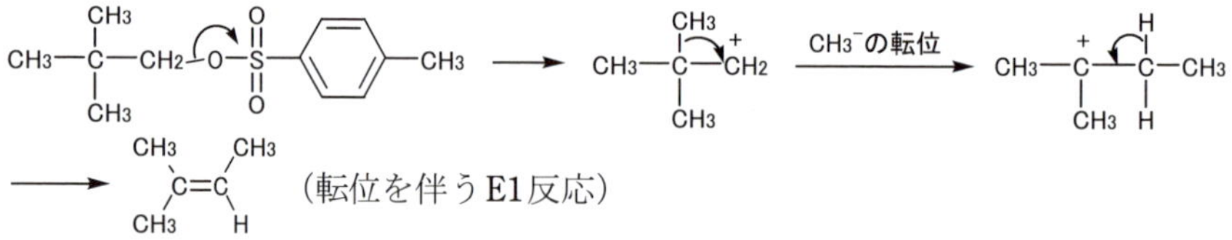

(g) Br の β-位にフェニル基がある場合，遷移状態で生成しつつある二重結合を安定化するためE2反応が起こりやすい。

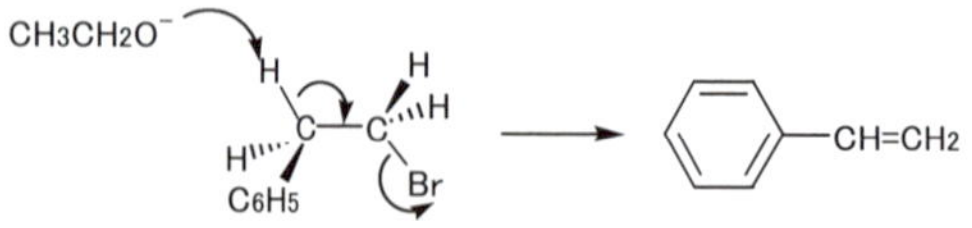

(h) Ag⁺はハロゲン原子と親和性が高いので，一分子的に脱離が起こり，二級のカルボカチオンが生成する。次に，溶液中に存在する硝酸イオンがこのカチオンを求核的に攻撃する。したがって，この反応条件では，S_N1反応が進行する。

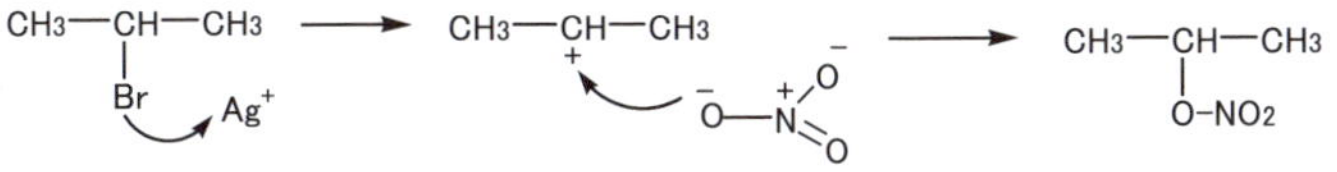

3. 次に示した反応について生成物を記せ。

(a) シクロヘキサン環 (trans-1,2-ジブロモ) + KI →

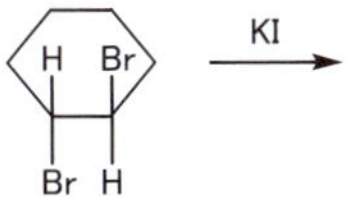

(b) (CH₃)₂C(Br)-C(Br)=CH₂ 型化合物 + Zn →

(c) シクロオクチル-N⁺(CH₃)₂-O⁻ 120°C →

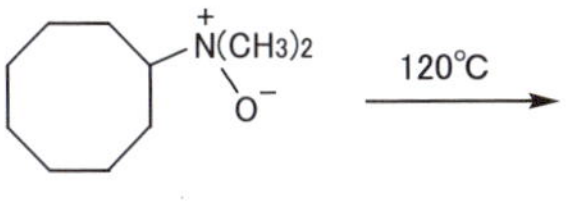

(d) シクロオクチル-N⁺(CH₃)₃ ⁻OH 120°C →

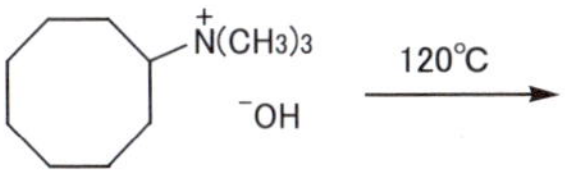

(e) C₆H₅,CH₃,H-C-C-C₆H₅,H,S⁺(C₆H₅)-O⁻ 加熱 →

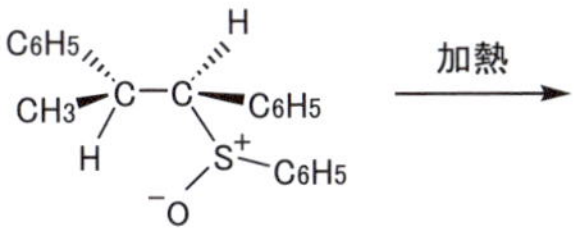

(f) C₆H₅,CH₃,H-C-C-C₆H₅,H,Se⁺(C₆H₅)-O⁻ →

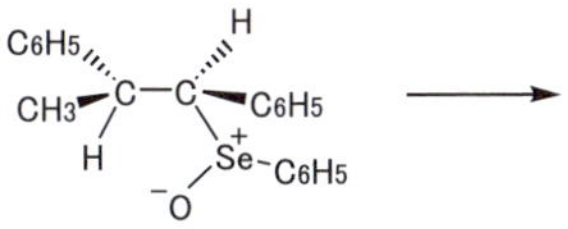

(g) C₆H₅-CH(CH₃)-CH(CH₃)-O-C(=S)-SCH₃ 加熱 →

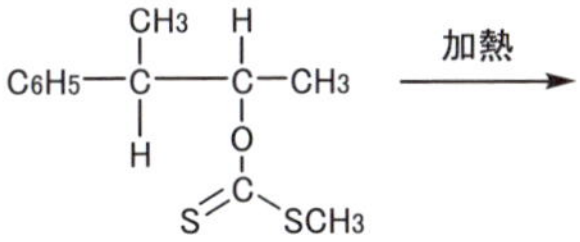

解 答

(a)

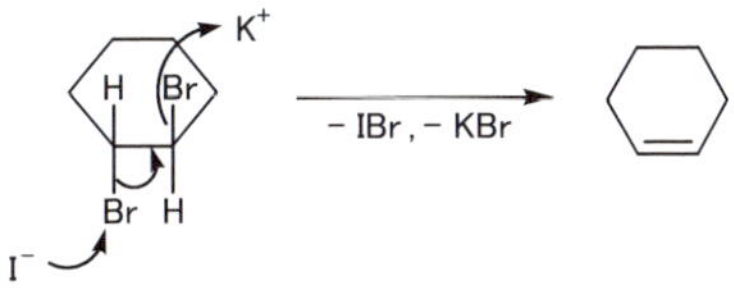

→ シクロヘキセン (−IBr, −KBr)

(b) (CH₃)₂C(Br)-C(Br)=CH₂ + Zn → (CH₃)₂C=C=CH₂ (−ZnBr₂)

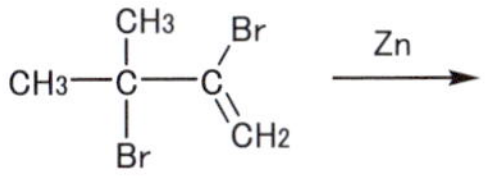

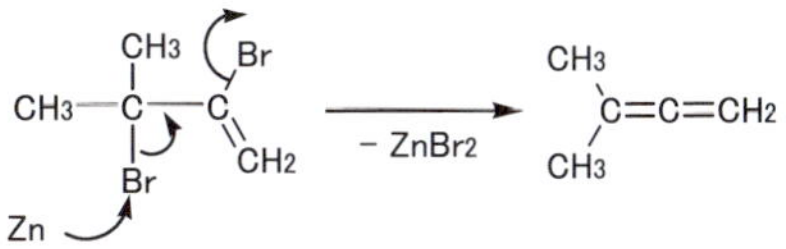

(c) N-オキシドでは,シン脱離が進行し,cis-シクロオクテンが得られる.

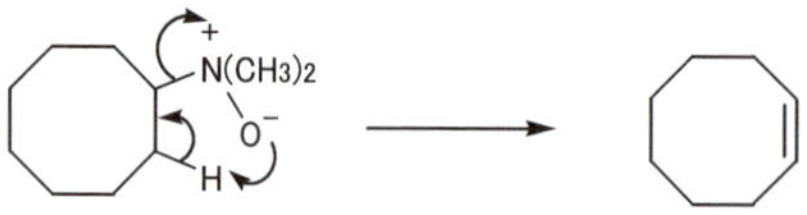

(d) 四級アンモニウム塩では,トランス脱離が進行し,$trans$-体とcis-体が60:40で得られる.

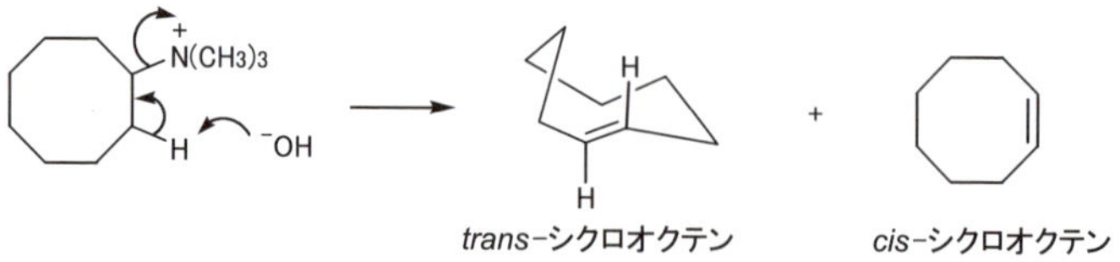

trans-シクロオクテン　　cis-シクロオクテン

(e) スルホキシドでは,シン脱離が進行し,E-体のアルケンが得られる.

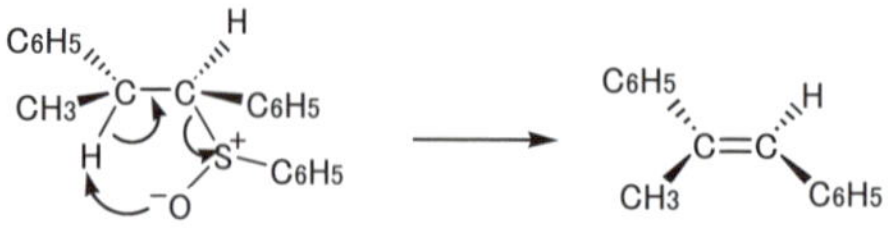

(f) セレンオキシドでもスルホキシド同様に,シン脱離が進行し,E-体のアルケンが得られる.一般に,セレンオキシドを用いた脱離反応は室温付近で行われるのに対し,スルホキシドでは加熱が必要である.

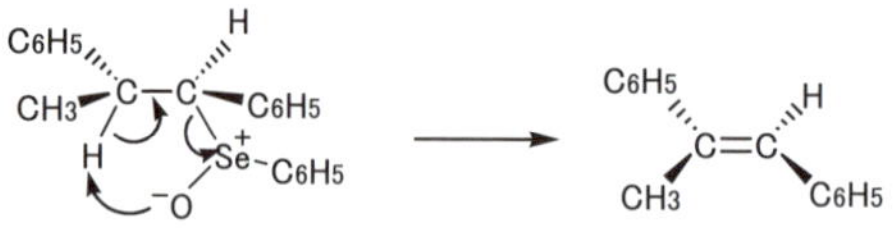

(g) Chugaev反応.この反応もシン脱離で進行するが,2種類のアルケンの生成が考えられる.三置換アルケン(1)の方が末端アルケン(2)よりも熱力学的に安定であるため,アルケン(1)が主生成物として得られる.

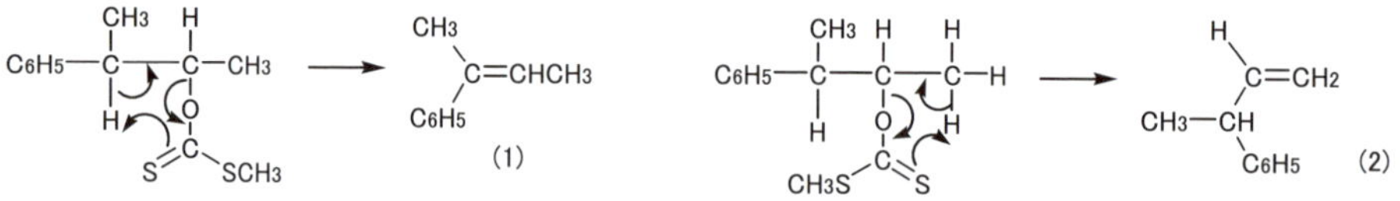

4. ハロヒドリン (1) に水酸化物イオンを作用させると化合物 (a) が，ハロヒドリン (2) に水酸化物イオンを作用させると化合物 (b) が得られた．この反応性の違いを考察せよ．

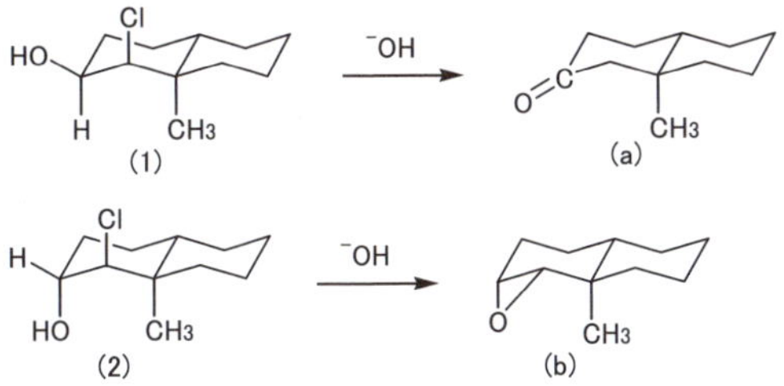

解答

ハロヒドリンとは，分子内にハロゲンと水酸基をもつ化合物の総称．化合物 (1) では，E2 脱離に必要な *anti*-periplanar 配座をとっているので，脱離反応が進行する．これに対して，化合物 (2) ではこの配座がとれないため，S_N2 反応が進行しオキシランが得られる．

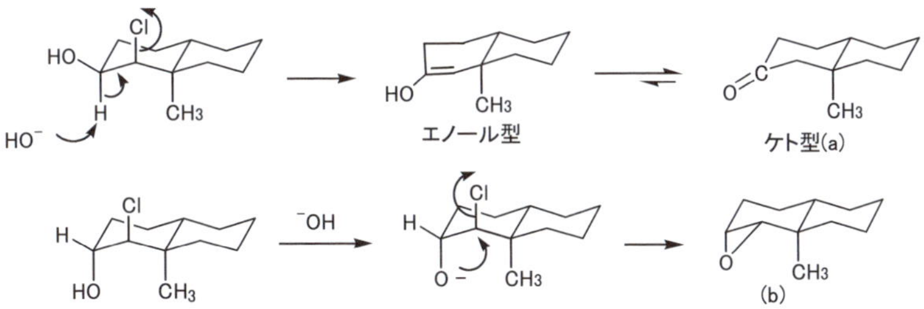

8 ラジカル反応

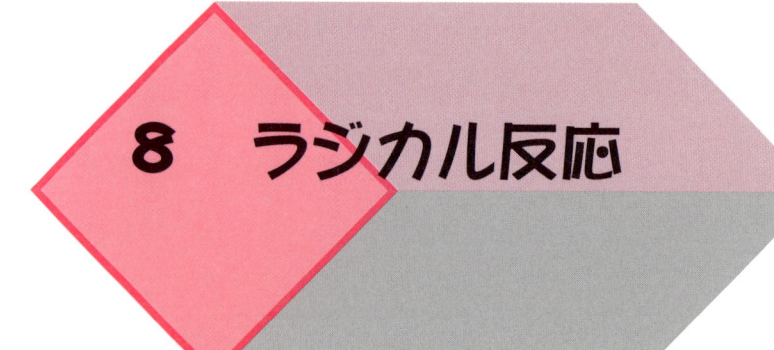

　A-B 間の共有結合が切断される場合には,図8・1に示したような,2つの切断様式がある。1つは,共有結合を形成している2個の電子が一方の原子に属するような様式であり,アニオンとカチオンが生成する。このような切断様式は,不均一開裂またはヘテロリシス (heterolysis) と呼ばれ,2章から7章で取り上げた反応は,いずれもこれに属する。もう1つは,それぞれの原子が電子を1個ずつもって切れ,2個のラジカル (radical) が生成する。このような切断様式は,均一開裂またはホモリシス (homolysis) と呼ばれる。この章では,ラジカル反応のメカニズムについてわかりやすく解説する。

$$\text{ヘテロリシス:} \quad A\!:\!B \longrightarrow A^+ + :B^- \quad (\text{イオンの生成})$$
$$\text{ホモリシス:} \quad A\!:\!B \longrightarrow A\cdot + \cdot B \quad (\text{ラジカルの生成})$$

図 8・1　単結合の切断様式

8・1　ラジカルの生成

　中性分子からラジカルを生成する方法としては,式 (8-1) に示したように,1) 光分解,2) 熱分解,3) 酸化還元反応などがある。

　アセトンに気相で波長約 320 nm の光を照射すると,メチルラジカル (methyl radical) と安定な一酸化炭素 (C=O) に分解される。次亜塩素酸アルキルや亜硝酸エステルの光分解により,アルコキシラジカル (alkoxy radical) を発生させることができる。また,ハロゲン分子の光分解によってハロゲン原子を生成することも可能である。さらに,アゾアルカンの光分解では,アルキルラジカルと安定な N_2 が生成する。

1) 光分解によるラジカルの生成

$$CH_3-\underset{\underset{アセトン}{}}{\overset{\overset{O}{\|}}{C}}-CH_3 \xrightarrow{h\nu} CH_3\cdot + \cdot\overset{\overset{O}{\|}}{C}-CH_3 \longrightarrow CH_3\cdot + CO$$

$$RO-Cl \xrightarrow{h\nu} RO\cdot + \cdot Cl$$
次亜塩素酸アルキル

$$RO-NO \xrightarrow{h\nu} RO\cdot + \cdot NO$$
亜硝酸エステル

$$Cl_2 \xrightarrow{h\nu} 2\cdot Cl$$

$$R-N=N-R \xrightarrow{h\nu} 2R\cdot + N_2$$
アゾアルカン

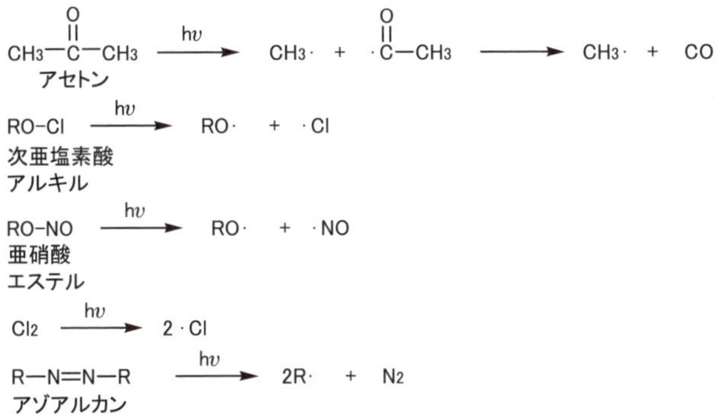

2) 熱分解によるラジカルの生成

$$C_6H_5-\overset{\overset{O}{\|}}{C}-O-O-\overset{\overset{O}{\|}}{C}-C_6H_5 \xrightarrow{60-100\,°C} 2\ C_6H_5-\overset{\overset{O}{\|}}{C}-O\cdot \quad (8-1)$$
過酸化ベンゾイル

$$CH_3-\underset{\underset{CH_3}{|}}{\overset{\overset{CH_3}{|}}{C}}-O-O-\underset{\underset{CH_3}{|}}{\overset{\overset{CH_3}{|}}{C}}-CH_3 \xrightarrow{100-130\,°C} 2\ CH_3-\underset{\underset{CH_3}{|}}{\overset{\overset{CH_3}{|}}{C}}-O\cdot$$

$$CH_3-\underset{\underset{CN}{|}}{\overset{\overset{CH_3}{|}}{C}}-N=N-\underset{\underset{CN}{|}}{\overset{\overset{CH_3}{|}}{C}}-CH_3 \xrightarrow{60-100\,°C} 2\ CH_3-\underset{\underset{CN}{|}}{\overset{\overset{CH_3}{|}}{C}}\cdot + N_2$$
アゾビスイソブチロニトリル

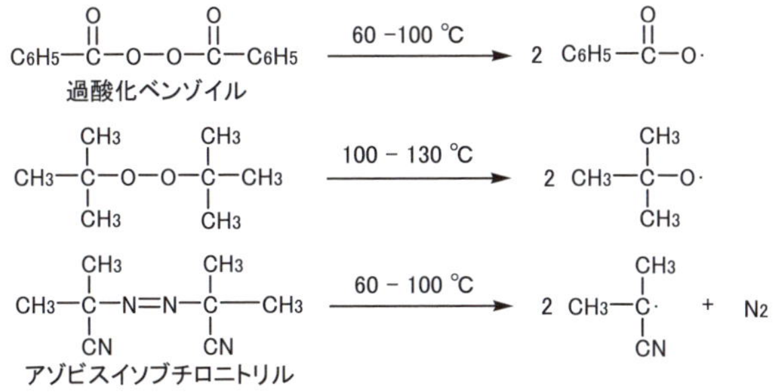

3) 酸化還元によるラジカルの生成

$$H_2O_2 + Fe^{2+} \longrightarrow HO\cdot + {}^-OH + Fe^{3+}$$

$$C_6H_5-\overset{\overset{O}{\|}}{C}-O-O-\overset{\overset{O}{\|}}{C}-C_6H_5 + Cu^+ \longrightarrow C_6H_5-\overset{\overset{O}{\|}}{C}-O\cdot + C_6H_5-CO_2^- + Cu^{2+}$$

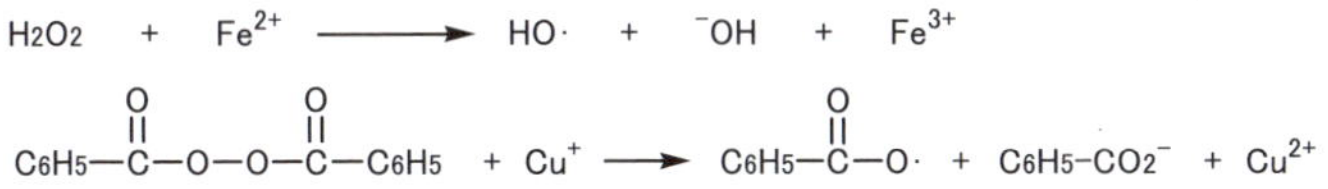

過酸化ベンゾイル (BPO: benzoyl peroxide) を 60～100℃で加熱, あるいはアゾビスイソブチロニトリル (AIBN: azobisisobutyronitrile) を 80℃程度で加熱することにより, ラジカルが生成する。

Cu^+/Cu^{2+} や Fe^{2+}/Fe^{3+} のような金属イオンの酸化還元反応と組み合わせることによっても, ラジカルを生成することが可能である。

8・2 ラジカルの安定性

アルキル置換基をもつほとんどの炭素ラジカルは, カルボカチオンと同じように sp^2 混成軌道に近い構造をしており, p-軌道には1個の電子がはいっている。したがって, ラジカルの安定性は第三級＞第二級＞第一級＞メチルラジカルの順序となる (図8・2)。

炭素ラジカル

炭素ラジカルは sp^2-混成軌道で, 3つの σ-結合で他の原子または原子団と結合し, 不対電子は p-軌道上にあるような構造をとる。また, カルボカチオンも炭素ラジカルと同じような構造をとるが, カルボアニオンは sp^3-混成軌道で, 電子対が1つの sp^3-混成軌道を占めている。

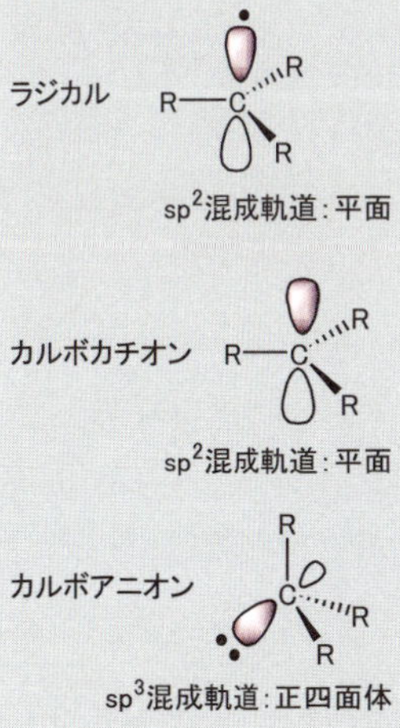

ラジカル
sp^2 混成軌道：平面

カルボカチオン
sp^2 混成軌道：平面

カルボアニオン
sp^3 混成軌道：正四面体

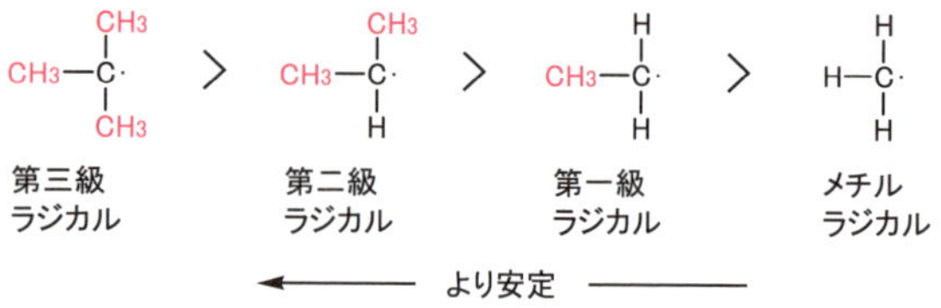

図 8·2 炭素ラジカルの安定性

また，アリルラジカルやベンジルラジカルは，図8·3に示したように，生成したラジカルを共鳴により分子全体に非局在化できるため，特に安定である。

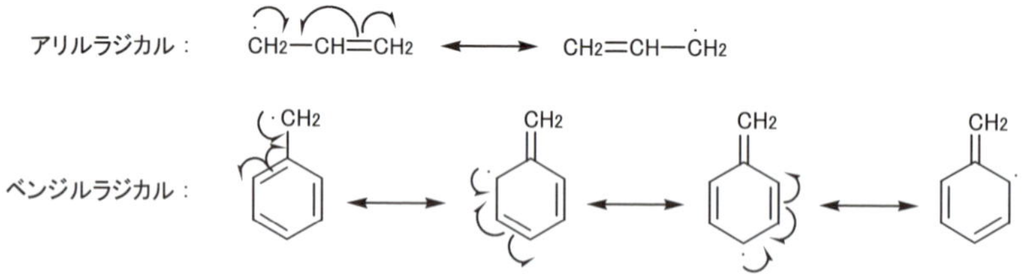

図 8·3 ラジカルの共鳴による安定化

8・3 ラジカルの反応

ラジカルは，電子が対をつくっていないため，かなり反応性が高い。ラジカルは，水素引き抜き反応，付加反応，二量化反応など多彩な反応性を示す。ここでは，それぞれの反応について紹介する。

8・3・1 水素引き抜き反応

脂肪族炭化水素では，ラジカル連鎖反応（radical chain reaction）により置換反応が起こる。その代表例が，脂肪族炭化水素 R-H のハロゲン分子 X_2 によるハロゲン化反応である。ラジカル連鎖反応は，開始（initiation），成長（propagation），停止（termination）の3段階に分けられる（式8-2）。

$$開始: X_2 \longrightarrow 2X·$$

$$成長: X· + R\text{-}H \longrightarrow HX + R·$$
$$R· + X_2 \longrightarrow R\text{-}X + X· \tag{8-2}$$

$$停止: 2X· \longrightarrow X_2$$
$$R· + X· \longrightarrow R\text{-}X$$
$$2R· \longrightarrow R\text{-}R$$

まず，ハロゲン分子 X_2 に光を照射すると，ラジカル X· が生成する。このラジカル X· は，アルカン R-H から水素を引き抜き，ハロゲン化水素 HX とアルキルラジカル R· を生成する。アルキルラジカル R· は，ハロゲン分子 X_2 と反応して，ハロゲン化アルキル R-X が生じるとともに，ラジカル X· が再生される。この二つの反応が繰り返されることによって，連鎖が進行する。停止過程では，2個のラジカル X· が再結合してハロゲン分子 X_2 が，アルキルラジカル R· とラジカル X· が結合してハロゲン化アルキル R-X が，2個のアルキルラジカル R· が結合することにより二量体 R-R が生成する。

8・3・2 *N*-ブロモコハク酸イミドによる臭素化反応

N-ブロモコハク酸イミド（NBS：*N*-bromosuccinimide）による臭素化は，開始剤として過酸化ベンゾイルを用いるか，光照射によりラジカルを発生させ反応を行う。NBS による臭素化は，非常に選択性が高く，アリル位やベンジル位で起こる（式8-3）。では，この臭素化反応はどのように進行するのだろうか。

アリル位

以下に示したように，C=C 二重結合に隣接した炭素の位置を，アリル位と呼ぶ。

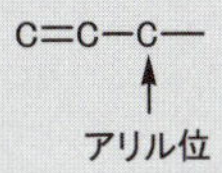

$$C=C-C-$$
↑
アリル位

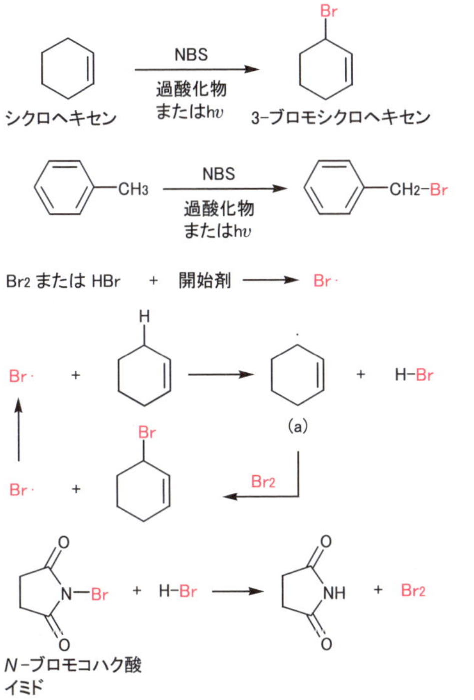

(8-3)

シクロヘキセンの臭素化を例に説明しよう。まず，NBS 中のこん跡の Br_2 または HBr が開始剤と反応し，最初の Br· を発生させる。次に，Br· とシクロヘキセンとの反応によりラジカル (a) が生成する。このラジカルは，アリルラジカルとみなすことができ，共鳴により安定化されるため，アリル位に特異的にラジカルが生じる。さらに，このラジカルは臭素分子と反応し，

3-ブロモシクロヘキセンが生成するとともに，Br· が再生される。なお，NBSは水素引き抜きに関与するのではなく，低濃度の臭素分子の発生源としてはたらく。

8・3・3 ラジカル付加反応

第4章で述べた求電子試薬の二重結合への付加は，2個の電子が関与していたが，ラジカル反応では，結合形成のために1個の電子しか必要としない。このため，結合形成後に分子中に電子が1個残ったアルキルラジカルが生成し，このラジカルの安定性が最終生成物に反映される。具体例を示すと，1-ブテンにHBrを作用させると，Markovnikov 則に従って反応が進行し2-ブロモブタンが生成する。一方，1-ブテンとHBrの反応をジ-*tert*-ブチルペルオキシド（di-*tert*-butyl peroxide）のような過酸化物の存在下で行うと，anti-Markovnikov 則に従った1-ブロモブタンが生成する（式8-4）。では，この反応はどのように進行するのだろうか。

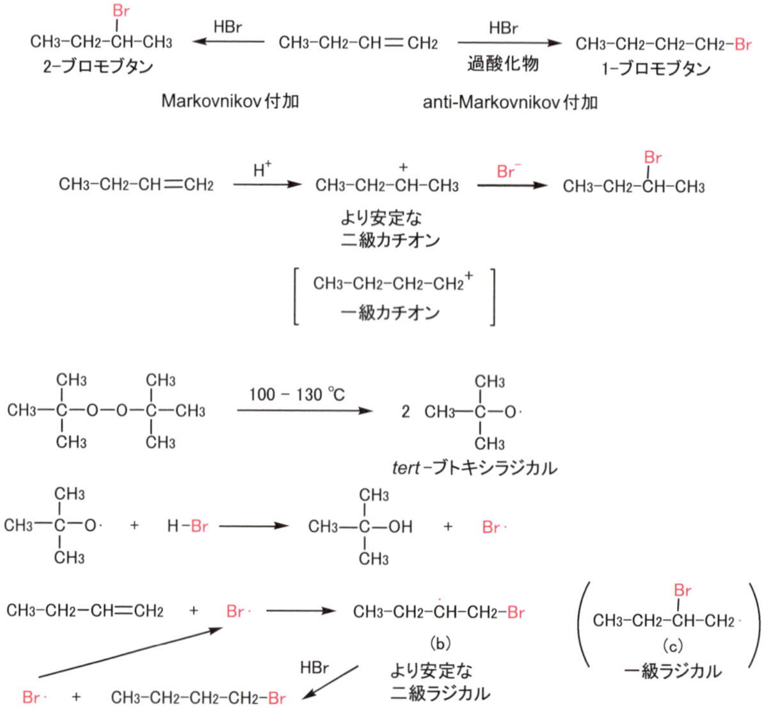

$$(8\text{-}4)$$

最初の過程である開始反応は，弱い RO-OR 結合のホモリシスによる *tert*-ブトキシラジカルの生成である。次の過程である成長反応では，*tert*-ブトキシラジカルが臭化水素から水素を引き抜き，Br· と *tert*-ブタノールが生成する。ここで，Br· の二重結合への付加の方向としては2つが考えられる。1つは末端を攻撃してできるラジカル (b) であり，もう1つは内側

を攻撃してできるラジカル (c) である。ラジカルの安定性を考慮すると，(c)は第一級ラジカルであり，(b)は第二級ラジカルであり，後者の方が安定である。したがって，安定なラジカル (b) が HBr と反応して水素を引き抜き，1-ブロモブタンが生成するとともに，ラジカル連鎖を担う Br· が再生される。最後の停止反応は，ラジカル同士の再結合などによって反応は停止する。

8・3・4 ラジカルの二量化反応

2個のラジカルが結合すると，二量化反応（dimerization）が起こる。ここに2つの例を紹介しよう。

ハロゲン化アルキルあるいはハロゲン化アリールに金属ナトリウムを作用させると，アルカンが生成する。この反応は，ウルツ反応（Wurtz reaction）と呼ばれる。例えば，臭化ブチルに金属ナトリウムを作用させると，二量体生成物であるオクタンが得られる（式8-5）。では，この反応はどのように進行するのだろうか。

$$2\ C_4H_9\text{-Br} + 2\ Na \longrightarrow H_9C_4\text{-}C_4H_9 + 2\ NaBr$$
臭化ブチル　　　　　　　　　　　　オクタン

$$Na \longrightarrow Na^+ + e^-$$

$$C_4H_9\text{-Br} + e^- \rightleftarrows C_4H_9\text{-Br}\cdot^- \longrightarrow C_4H_9\cdot + Br^- \quad (8\text{-}5)$$
　　　　　　　　　　　　　アニオンラジカル

$$2\ C_4H_9\cdot \longrightarrow H_9C_4\text{-}C_4H_9$$

まず，イオン化傾向の大きい金属ナトリウムが1電子放出する。この電子を臭化ブチルが受け取り，アニオンラジカル（anion radical）が生じる。このラジカルから Br^- が取れ，ブチルラジカルが生成し，最後に2個のブチルラジカルが結合してオクタンが生成する。この反応を2種類のハロゲン化アルキルの混合物を用いて行うと，3種類のアルカンの混合物が得られ，まったく選択性はない。例えば，式 (8-6) に示したように，塩化エチルと塩化プロピルを用いて Wurtz 反応を行うと，エチルラジカル同士が結合したブタン，エチルラジカルとプロピルラジカルが結合したペンタン，およびプロピルラジカル同士が結合したヘキサンの混合物が得られてしまう。

$$CH_3CH_2\text{-}Cl + CH_3CH_2CH_2\text{-}Cl + 2\ Na \longrightarrow$$
塩化エチル　　　塩化プロピル

$$H_5C_2\text{-}C_2H_5 + H_5C_2\text{-}C_3H_7 + H_7C_3\text{-}C_3H_7 \quad (8\text{-}6)$$
　　ブタン　　　　　ペンタン　　　　ヘキサン

> **アニオンラジカル**
>
> 中性分子が電子1個を受け取ると，負の電荷をもったラジカル（遊離基ともいう）が生じる。このラジカルをアニオンラジカルと呼ぶ。一方，中性分子から電子1個が放出され，正の電荷をもったラジカルをカチオンラジカル（cation radical）と呼ぶ。

カルボン酸の金属塩を電気分解するとアルカンが生成する反応は，コルベ電解（Kolbe electrolysis）と呼ばれる。電離して生成するカルボキシラートイオン（carboxylate ion）は，陽極で電子を失い，続いて二酸化炭素を放出して，アルキルラジカル R· を生成する。2個の R· が結合して二量体（dimer）R-R が生成する。例えば，ヘキサン酸を NaOH で処理した後 Kolbe 電解を行うと，デカンが得られる（式8-7）。

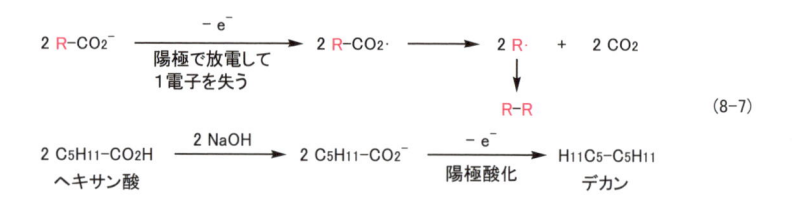

$$2\ R\text{-}CO_2^- \xrightarrow[\text{陽極で放電して1電子を失う}]{-e^-} 2\ R\text{-}CO_2\cdot \longrightarrow 2\ R\cdot + 2\ CO_2$$

$$\downarrow$$

$$R\text{-}R$$

$$2\ C_5H_{11}\text{-}CO_2H \xrightarrow{2\ NaOH} 2\ C_5H_{11}\text{-}CO_2^- \xrightarrow[\text{陽極酸化}]{-e^-} H_{11}C_5\text{-}C_5H_{11}$$

ヘキサン酸　　　　　　　　　　　　　　　　　　　　　　　　　デカン

(8-7)

章末問題

1. 次に示した反応について生成物を記せ。

(a) $CH_3CH=C(CH_3)_2 \xrightarrow[BPO]{HBr}$

(b) $C_6H_5CH=CH_2 + C_6H_5SH \xrightarrow{h\nu}$

(c) $C_6H_5-CH_3 + Cl_2 \xrightarrow{h\nu}$

(d) $CH_3CH_2CH_2-CH=CH_2 + CHCl_3 \xrightarrow{(CH_3COO)_2}$

(e) $C_6H_5CH=CHCH_3 + CH_2(CO_2CH_3)_2 \xrightarrow{(Bu^tO)_2}$

(f) $C_6H_5-CH_2-Cl + Bu_3SnH \xrightarrow{AIBN}$

(g) $CH_3O-\overset{O}{\underset{}{C}}-(CH_2)_4-\overset{O}{\underset{}{C}}-ONa \xrightarrow{電解}$

解 答

(a) $C_6H_5-\overset{O}{\underset{}{C}}-O-O-\overset{O}{\underset{}{C}}-C_6H_5 \longrightarrow 2\ C_6H_5-\overset{O}{\underset{}{C}}-O\cdot \longrightarrow 2\ C_6H_5\cdot + 2\ CO_2$

$C_6H_5\cdot + H-Br \longrightarrow C_6H_6 + Br\cdot$

$CH_3CH=C(CH_3)_2 + Br\cdot \longrightarrow CH_3-\underset{H}{\overset{Br}{C}}-\underset{CH_3}{\overset{\cdot}{C}}-CH_3 \xrightarrow{H-Br} CH_3-\underset{H}{\overset{Br}{C}}-\underset{CH_3}{\overset{H}{C}}-CH_3 + Br\cdot$

(b) $C_6H_5SH \xrightarrow{h\nu} C_6H_5S\cdot + H\cdot$

$C_6H_5CH=CH_2 + C_6H_5S\cdot \longrightarrow C_6H_5-\overset{\cdot}{C}H-CH_2-SC_6H_5$

$C_6H_5-\overset{\cdot}{C}H-CH_2-SC_6H_5 + C_6H_5SH \longrightarrow C_6H_5-CH_2-CH_2-SC_6H_5 + C_6H_5S\cdot$

(c) $Cl_2 \xrightarrow{h\nu} 2\ Cl\cdot$

$C_6H_5-CH_3 + Cl\cdot \longrightarrow C_6H_5-CH_2\cdot + HCl$

$C_6H_5-CH_2\cdot + Cl-Cl \longrightarrow C_6H_5-CH_2-Cl + Cl\cdot$

(d)
$$CH_3-\overset{O}{\underset{\|}{C}}-O-O-\overset{O}{\underset{\|}{C}}-CH_3 \longrightarrow 2\ CH_3-\overset{O}{\underset{\|}{C}}-O\cdot \longrightarrow 2\ CH_3\cdot\ +\ 2\ CO_2$$

$$CH_3\cdot\ +\ CHCl_3 \longrightarrow CH_4\ +\ CCl_3\cdot$$

$$CH_3CH_2CH_2-CH=CH_2\ +\ CCl_3\cdot \longrightarrow CH_3CH_2CH_2-\overset{\cdot}{C}H-CH_2-CCl_3$$

$$CH_3CH_2CH_2-\overset{\cdot}{C}H-CH_2-CCl_3\ +\ CHCl_3 \longrightarrow CH_3CH_2CH_2-CH_2-CH_2-CCl_3\ +\ CCl_3\cdot$$

(e)
$$CH_3-\underset{\underset{CH_3}{|}}{\overset{\overset{CH_3}{|}}{C}}-O-O-\underset{\underset{CH_3}{|}}{\overset{\overset{CH_3}{|}}{C}}-CH_3 \longrightarrow 2\ CH_3-\underset{\underset{CH_3}{|}}{\overset{\overset{CH_3}{|}}{C}}-O\cdot$$

$$CH_3-\underset{\underset{CH_3}{|}}{\overset{\overset{CH_3}{|}}{C}}-O\cdot\ +\ CH_2(CO_2CH_3)_2 \longrightarrow CH_3-\underset{\underset{CH_3}{|}}{\overset{\overset{CH_3}{|}}{C}}-OH\ +\ \cdot CH(CO_2CH_3)_2$$

$$C_6H_5CH=CHCH_3\ +\ \cdot CH(CO_2CH_3)_2 \longrightarrow C_6H_5-\underset{\underset{H}{|}}{\overset{\overset{\cdot}{}}{C}}-\underset{\underset{CH(CO_2CH_3)_2}{|}}{\overset{\overset{H}{|}}{C}}-CH_3$$

$$C_6H_5-\underset{\underset{H}{|}}{\overset{\overset{\cdot}{}}{C}}-\underset{\underset{CH(CO_2CH_3)_2}{|}}{\overset{\overset{H}{|}}{C}}-CH_3\ +\ CH_2(CO_2CH_3)_2 \longrightarrow C_6H_5-\underset{\underset{H}{|}}{\overset{\overset{H}{|}}{C}}-\underset{\underset{CH(CO_2CH_3)_2}{|}}{\overset{\overset{H}{|}}{C}}-CH_3\ +\ \cdot CH(CO_2CH_3)_2$$

(f)
$$CH_3-\underset{\underset{CN}{|}}{\overset{\overset{CH_3}{|}}{C}}-N=N-\underset{\underset{CN}{|}}{\overset{\overset{CH_3}{|}}{C}}-CH_3 \longrightarrow 2\ CH_3-\underset{\underset{CN}{|}}{\overset{\overset{CH_3}{|}}{C}}\cdot\ +\ N_2$$

$$CH_3-\underset{\underset{CN}{|}}{\overset{\overset{CH_3}{|}}{C}}\cdot\ +\ Bu_3SnH \longrightarrow CH_3-\underset{\underset{CN}{|}}{\overset{\overset{CH_3}{|}}{C}}-H\ +\ Bu_3Sn\cdot$$

$$\text{Ph}-CH_2-Cl\ +\ Bu_3Sn\cdot \longrightarrow \text{Ph}-CH_2\cdot\ +\ BuSnCl$$

$$\text{Ph}-CH_2\cdot\ +\ Bu_3SnH \longrightarrow \text{Ph}-CH_3\ +\ Bu_3Sn\cdot$$

(g) この反応は，Kolbe 電解。二量体が生成する。

$$CH_3O-\overset{O}{\underset{\|}{C}}-(CH_2)_4-\overset{O}{\underset{\|}{C}}-O^- \xrightarrow{-e} CH_3O-\overset{O}{\underset{\|}{C}}-(CH_2)_4-\overset{O}{\underset{\|}{C}}-O\cdot \longrightarrow CH_3O-\overset{O}{\underset{\|}{C}}-(CH_2)_4\cdot\ +\ CO_2$$

$$2\ CH_3O-\overset{O}{\underset{\|}{C}}-(CH_2)_4\cdot \longrightarrow CH_3O-\overset{O}{\underset{\|}{C}}-(CH_2)_8-\overset{O}{\underset{\|}{C}}-OCH_3$$

8 ラジカル反応

2. 次に示した反応について生成物を記せ。

(a) PhCH(CH$_3$)$_2$ + O$_2$ $\xrightarrow{\text{BPO}}$

(b) Br–CH$_2$–CO$_2$H $\xrightarrow{\text{(CH}_3\text{COO)}_2}$

(c) PhCHO + Bu^{t}OCl $\xrightarrow{\text{BPO}}$

(d) C$_6$H$_5$–SO$_2$–Cl + C$_6$H$_5$–CH=CH$_2$ $\xrightarrow{\text{CuCl}}$

(e) 2 CH$_3$COCH$_3$ $\xrightarrow{\text{1) Mg(Hg)}}_{\text{2) H}_2\text{O}}$

(f) ナフタレン $\xrightarrow[\text{液体アンモニア}]{\text{Na, CH}_3\text{CH}_2\text{OH}}$

解 答

(a) C$_6$H$_5$–C(=O)–O–O–C(=O)–C$_6$H$_5$ ⟶ 2 C$_6$H$_5$• + 2 CO$_2$

C$_6$H$_5$• + PhCH(CH$_3$)$_2$ ⟶ C$_6$H$_6$ + PhC•(CH$_3$)$_2$

PhC•(CH$_3$)$_2$ + •Ö–Ö• (酸素分子) ⟶ PhC(CH$_3$)$_2$–O–O•

PhC(CH$_3$)$_2$–O–O• + PhCH(CH$_3$)$_2$ ⟶ PhC(CH$_3$)$_2$–O–OH (クメンヒドロペルオキシド) + PhC•(CH$_3$)$_2$

本反応は，フェノールの工業的製法に用いられている。（6章 6·5·2 を参照）

(b) CH$_3$–C(=O)–O–O–C(=O)–CH$_3$ ⟶ 2 CH$_3$• + 2 CO$_2$

CH$_3$• + Br–CH$_2$–CO$_2$H ⟶ CH$_4$ + Br–C•H–CO$_2$H

2 Br–C•H–CO$_2$H $\xrightarrow{\text{二量化}}$ Br–CH(CO$_2$H)–CH(CO$_2$H)–Br

(c)

$C_6H_5-\overset{O}{\overset{\|}{C}}-O-O-\overset{O}{\overset{\|}{C}}-C_6H_5 \longrightarrow 2\,C_6H_5\cdot\ +\ 2\,CO_2$

$C_6H_5\cdot\ +\ CH_3-\underset{CH_3}{\overset{CH_3}{\overset{|}{\underset{|}{C}}}}-OCl \longrightarrow C_6H_5Cl\ +\ CH_3-\underset{CH_3}{\overset{CH_3}{\overset{|}{\underset{|}{C}}}}-O\cdot$

$CH_3-\underset{CH_3}{\overset{CH_3}{\overset{|}{\underset{|}{C}}}}-O\cdot\ +\ C_6H_5-CHO \longrightarrow CH_3-\underset{CH_3}{\overset{CH_3}{\overset{|}{\underset{|}{C}}}}-OH\ +\ C_6H_5-\overset{O}{\overset{\|}{C}}\cdot$

$C_6H_5-\overset{O}{\overset{\|}{C}}\cdot\ +\ CH_3-\underset{CH_3}{\overset{CH_3}{\overset{|}{\underset{|}{C}}}}-OCl \longrightarrow C_6H_5-\overset{O}{\overset{\|}{C}}-Cl\ +\ CH_3-\underset{CH_3}{\overset{CH_3}{\overset{|}{\underset{|}{C}}}}-O\cdot$

(d)

$C_6H_5-SO_2-Cl\ +\ CuCl \longrightarrow C_6H_5-SO_2\cdot\ +\ CuCl_2$ 　　この反応でCuは，1価から2価へ酸化されている。

$C_6H_5-SO_2\cdot\ +\ C_6H_5-CH=CH_2 \longrightarrow C_6H_5-\overset{H}{\underset{H}{\overset{|}{\underset{|}{C}}}}-\overset{H}{\underset{SO_2C_6H_5}{\overset{|}{\underset{|}{C}}}}-H$

$C_6H_5-\overset{H}{\underset{H}{\overset{|}{\underset{|}{C}}}}-\overset{H}{\underset{SO_2C_6H_5}{\overset{|}{\underset{|}{C}}}}-H\ +\ CuCl_2 \longrightarrow C_6H_5-\overset{Cl}{\underset{H}{\overset{|}{\underset{|}{C}}}}-\overset{H}{\underset{SO_2C_6H_5}{\overset{|}{\underset{|}{C}}}}-H\ +\ CuCl$ 　　この反応でCuは，2価から1価へ還元されている。

(e)

[反応機構図: 2分子の(CH₃)₂C=O と Mg から ピナコラートMg錯体、H₂Oを経てピナコール生成]

ピナコール

(f) この反応はバーチ還元(Birch reduction)と呼ばれ，芳香族化合物を1,4-ジヒドロ芳香族化合物に還元する方法として，広く用いられている。

[ナフタレンのバーチ還元の反応機構図: ナフタレン + Na· → ラジカルアニオン(Na⁺) → CH₃CH₂OH → ジヒドロ中間体 → Na· → アニオン(Na⁺) → CH₃CH₂OH → 1,4-ジヒドロナフタレン]

9 協奏反応

　これまで述べてきた反応の大部分は，カルボカチオン，カルボアニオン，ラジカルが関与した反応であったが，これらの化学種が関与しない一群の反応が触れられずに残っている。それが協奏反応（concerted reaction）である。協奏反応は，2種類の分子の軌道の重なりによって起こる反応であり，熱や光によって誘発される。この章では，協奏反応のメカニズムについてわかりやすく解説する。

9・1 分子軌道論

　以降の節で取り扱う反応を理解するためには，分子軌道論の基礎知識が必要である。そこで，各論に入る前に，この分子軌道論について簡単に触れておこう。

9・1・1 水素分子のLCAO MO法

　水素分子 H_2 の形成を分子軌道論（molecular orbital theory）を用いて説明すると，次のようになる。水素分子 H_2 を Ha-Hb と考え，Ha の原子軌道（atomic orbital）を χ_a，Hb の原子軌道を χ_b とする（図9・1）。

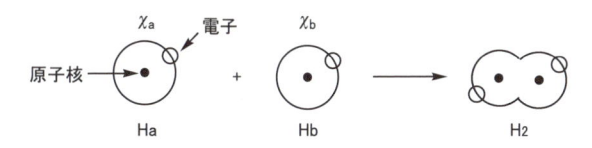

図9・1　Ha + Hb → Ha − Hb

この時，Ha と Hb がつくる水素分子 H_2 の 1 電子波動関数 φ は，次のように近似される。

$$\varphi = C_a\chi_a + C_b\chi_b \quad (9\text{-}1)$$

ここで，C_a と C_b は原子軌道の係数である。例えば，$C_a=1$ で $C_b=0$ である時，電子が核 a の近傍にいるときの分子軌道（molecular orbital）は，原子軌道 χ_a によって表されることを意味している。このように，分子軌道を原子軌道の一次結合で表す方法が LCAO MO 法（linear combination of atomic orbital molecular orbital method）である。したがって，式（9-1）の φ は，LCAO MO である。

2 個の H 原子の原子軌道からは必ず 2 つの分子軌道ができる。1 つは 2 個の電子が対をつくって収容されるエネルギーが低い方の結合性軌道（bonding orbital）であり，もう 1 つはエネルギーが高い方の反結合性軌道（*anti*-bonding orbital）である（図 9・2）。結合性軌道では，水素分子の 2 個の電子は，2 つの原子核に共有されており，2 個の水素原子が互いに結合するのを助けている。また，結合性分子軌道のエネルギー準位は，原子軌道のそれよりはるかに低いため，共有結合が形成されるのである。

遷　移

原子や分子などが，エネルギーを吸収または放出することによって，ある量子状態から他の量子状態に移ることを遷移と呼ぶ。

基底状態

量子力学で，定常状態のうち最もエネルギーの低い状態を，基底状態と呼ぶ。

励起状態

量子力学で，最も安定な基底状態以外の，よりエネルギーの高い状態を，励起状態と呼ぶ。熱，光，衝突，化学反応によりエネルギーが供給されることによって，この励起状態がつくられる。

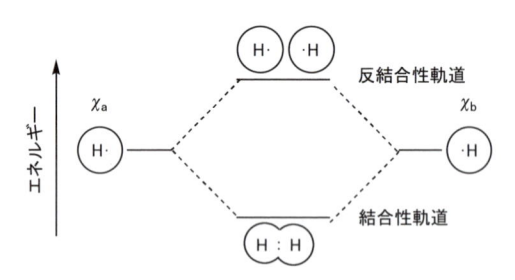

図 9・2　水素分子 H_2 の分子軌道

2 つの軌道間のエネルギー差に相当するエネルギーを水素分子 H_2 が吸収した場合には，H_2 分子中の 1 個の電子が反結合性分子軌道に遷移（transition）することができる。したがって，結合性軌道は基底状態（ground state）の分子軌道であり，反結合性軌道は励起状態（excited state）の軌道であるといえる。

9・1・2　ヒュッケル分子軌道法（Hückel molecular orbital method）

第 4 章では，アルケンへの求電子付加反応について詳しく解説したが，二重結合の π-電子が重要な役割を果たしていることを理解していただけたと思う。また，第 3 章の芳香族求電子置換反応においても同様である。ここで解説する Hückel 分子軌道法は，共役系分子に適用される最も単純な分子軌

道法である。

最も単純なアルケンであるエチレンは，2個の p-軌道の重なりにより π-結合を形成する（図9・3）。p-軌道の形はローブ（lobe）と呼ばれる電子

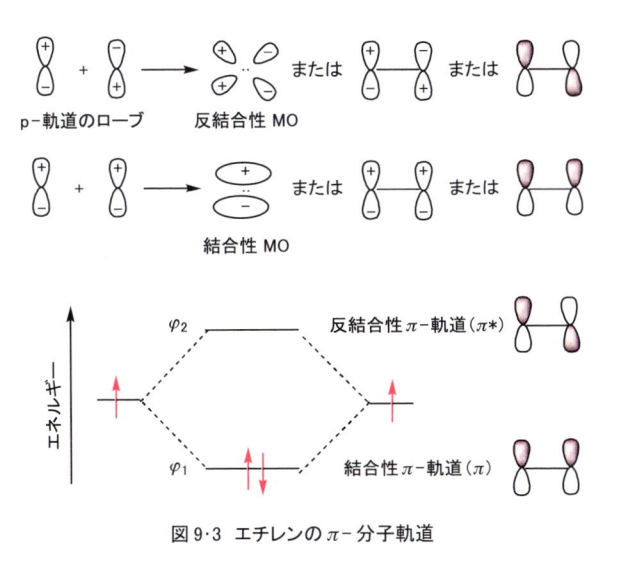

図9・3 エチレンの π-分子軌道

の広がりによって表される。ローブに示された＋と－は，波動関数の位相の符号であり，ローブの符号が合っている場合はお互いに強め合い結合性軌道を，反対符号の場合は反結合性軌道を形成する。もちろん，2個の p-原子軌道の電子は，対をつくって結合性軌道（π-軌道）に入ることになる。

2つの分子軌道間のエネルギー差に相当するエネルギーをエチレンが吸収すると，2個の電子のうちの1個が反結合性軌道（π^*-軌道）に遷移することができる。この遷移は，π-π^*遷移（π-π^* transition）と呼ばれる。励起状態では，π-軌道とπ^*-軌道にそれぞれ1個の電子が入っており，これらの軌道は半占軌道 SOMO（singly occupied molecular orbital）および SOMO' 軌道と呼ばれる。

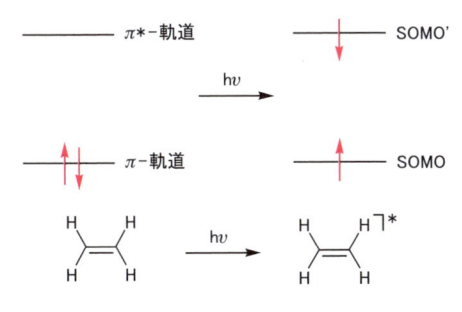

図9・4 エチレンの光吸収の際の分子軌道

共役アルケンである1,3-ブタジエンには，4個のπ-電子があり，図9・5に示したように，4個の分子軌道が書ける．4個のπ-電子は，2個ずつ対をつくって最もエネルギー的に安定なφ_1と次に安定なφ_2に収容される．1,3-ブタジエンには，2個の結合性軌道と2個の反結合性軌道が存在する．結合性軌道のうち，もっともエネルギー的に不安定な軌道は最高被占軌道HOMO（highest occupied molecular orbital）と，反結合性軌道のうち最もエネルギー的に安定な軌道は最低空軌道LUMO（lowest unoccupied molecular orbital）と呼ばれ，これら2つの軌道は反応性を議論する上で大変重要である．

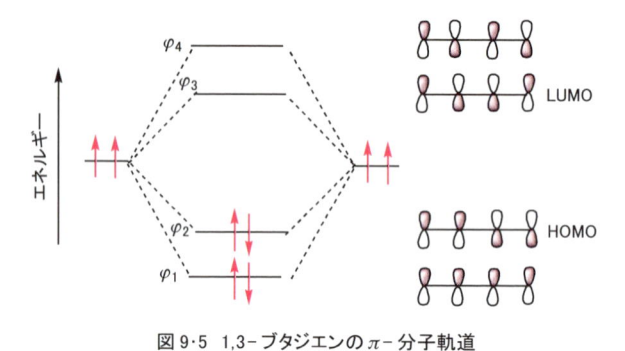

図9・5 1,3-ブタジエンのπ-分子軌道

9・2 ディールス-アルダー反応 (Diels-Alder reaction)

1,3-ブタジエンとエチレンを封管中で加熱すると，シクロヘキセンが生成する．この反応は協奏的に進行し，2個のσ-結合が形成されることにより環状化合物を与える（式9-2）．このような様式の反応は，ペリ環状反応（pericyclic reaction）と呼ばれる．

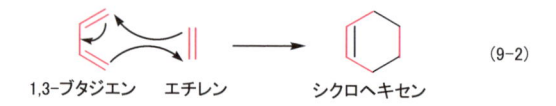

1,3-ブタジエン　エチレン　　シクロヘキセン　　　　(9-2)

ペリ環状反応のうち，ジエン成分（共役4π電子系）と親ジエン（dienophile, 2π電子系）との[$4\pi+2\pi$]付加環化反応（cycloaddition reaction）は，Diels-Alder反応と呼ばれる．この反応では，ジエン成分に電子供与基が，親ジエン成分に電子求引基が置換すると反応性が増大する．では，この反応はどのように進行するのだろうか．

このDiels-Alder反応は，分子軌道法に基づいた軌道対称性理論，すなわちウッドワード-ホフマン則（Woodward-Hoffmann rule），を用いることにより理解できる．付加環化反応が起こるためには，ジエンと親ジエンのπ-軌道の相互作用が必要である．エチレンと1,3-ブタジエンのπ分子軌道は，それぞれ図9・3と図9・5のようになる．エチレンのφ_1が1,3-ブタジエンと相互作用する場合は，1,3-ブタジエンのφ_1とφ_2はすでに2個ずつの電子で満たされているので使えない．そうなると，エチレンのφ_1は1,3-ブタジエンのφ_3とかφ_4と相互作用することになるが，もちろんエネルギーの低いφ_3と相互作用するほうが有利である．このような考え方は「反応に最も関与しやすい分子軌道は，一方のHOMOと他方のLUMOである」という福井謙一のフロンティア電子理論（frontier electron theory）によって確立されている．この理論をDiels-Alder反応に適用すると，いわゆるHOMO-LUMO法と呼ばれるWoodward-Hoffmann則が導かれる．すなわち「Diels-Alder反応において，親ジエンのHOMO（あるいはLUMO）とジエンのLUMO（あるいはHOMO）の軌道対称性が合えば（ローブの符号が同一），この反応は軌道対称的に許容（allowed）であり，軌道対称性が合わなければ（ローブの符号が逆），この反応は軌道対称的に禁制（forbidden）である」．このWoodward-Hoffmann則を適用すると，エチレンのHOMOとジエンのLUMO，およびエチレンのLUMOとジエンのHOMOの軌道のいずれの相互作用においても，ローブの符号は結合が形成される位置で同一であり，σ-結合が形成されることになる（図9・6）．この場合，付加環化反応は，同面的（suprafacial）に進行することになる．

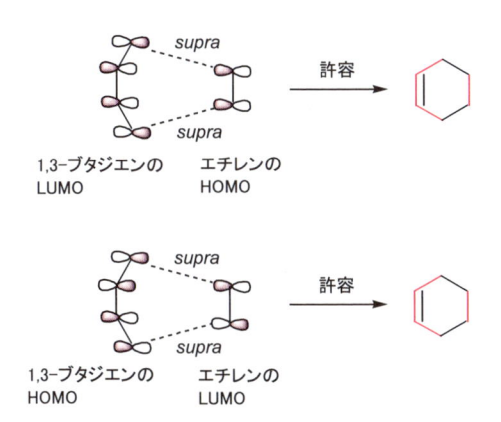

図9・6　エチレンと1,3-ブタジエンの付加環化反応における軌道対称性

　また，このDiels-Alder反応の最大の特徴は，立体選択的に反応が進行することである．例えば，シクロペンタジエンと無水マレイン酸とのDiels-Alder反応を行った場合，エキソ付加体（*exo*-adduct）とエンド付加体（*endo*-adduct）

同面的

協奏的付加環化反応において，π-電子系がその節平面によって区切られる一方の空間のみが反応に関与する場合を同面的，上下両方の空間が関与する場合を反面的（antarafacial）と呼ぶ．

エキソ

エキソとは，"外側の"という意味であり，エンドとは，"内側の"という意味である．

の 2 種類の生成物が考えられるが，エンド付加体が優先的に生成する（式 9-3）。では，この付加環化反応はどのように進行するのだろうか。

エンド付加の遷移状態では，1）ジエンに相当するシクロペンタジエンの最高被占軌道（HOMO の a と d の軌道に注目）と親ジエンに相当する無水マレイン酸の最低空軌道（LUMO の a' と d' に注目）とが最大限に重なり合うことができる，2）1）の相互作用だけでなく，残りの b と b' の軌道，c と c' の軌道も重なり合うことができる（エキソ付加体生成の遷移状態では，このような重なり合いは存在しない）ために付加環化反応が進行する。

図 9·7 に示したように，いろいろな置換基をもつジエンおよび親ジエンの入手が可能であるため，Diels-Alder 反応は立体選択的合成に幅広く利用されている。

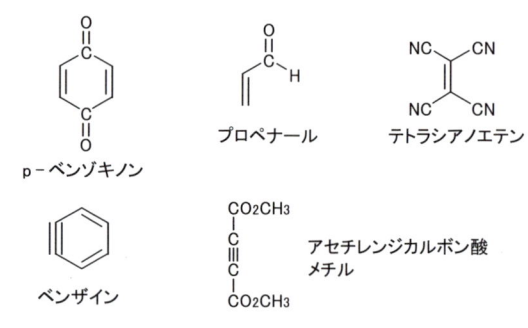

図 9·7 代表的な親ジエン試薬

9・3 電子環状反応

共役二重結合を有する化合物（共役ポリエン）では，熱的あるいは光化学的に両末端の炭素間に σ-結合が形成され環状アルケンになる反応が知られている。この分子内ペリ環状反応は，電子環状反応（electrocyclic reaction）と呼ばれる。この反応は可逆的であり，シクロブテンは歪みが大きいため平衡状態では開環形（1,3-ブタジエン）が多く存在するが，1,3,5-ヘキサトリエンでは閉環形（1,3-シクロヘキサジエン）のほうが有利となる（式9-4）。

1,3-ブタジエン ⇌ シクロブテン

1,3,5-ヘキサトリエン ⇌ 1,3-シクロヘキサジエン

(9-4)

この電子環状反応の特徴は，立体特異的（stereospecific）に反応が進行することである。例えば，(2E, 4Z, 6E)-オクタトリエンの熱的電子環状反応では，*cis*-5,6-ジメチル-1,3-シクロヘキサジエンのみが，光照射で環化させると *trans*-5,6-ジメチル-1,3-シクロヘキサジエンのみが生成する（式9-5）。では，この電子環状反応はどのように進行するのだろうか。

trans-5,6-ジメチル-1,3-シクロヘキサジエン ⇌ (2E, 4Z, 6E)-オクタトリエン ⇌ *cis*-5,6-ジメチル-1,3-シクロヘキサジエン

HOMO　逆旋的　熱反応　→ *cis*-体

SOMO'(LUMO)　共旋的　光反応　→ *trans*-体

(9-5)

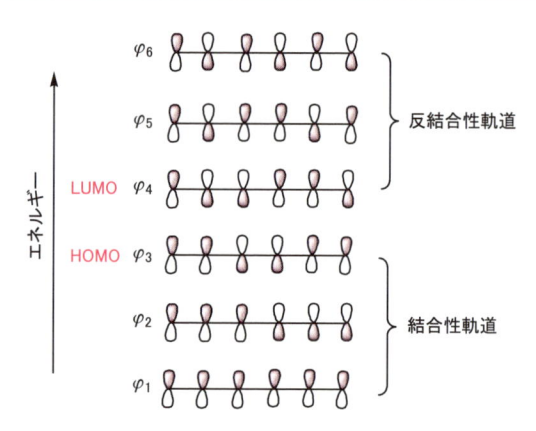

図9・8　1,3,5-ヘキサトリエンのπ-分子軌道

　図9・8には，1,3,5-ヘキサトリエンのπ-分子軌道を示した。1,3,5-ヘキサトリエンには6個のπ-電子があるため，φ_1からφ_3が結合性軌道であり，φ_4からφ_6が反結合性軌道となる。熱反応の場合は，電子が充てんされている軌道のうち最も不安定な（最も反応しやすい）HOMOのローブをみればよい。熱反応では，式 (9-5) に示したように，両末端のローブが逆方向に回転すればローブの符号が一致し，結合性のσ-軌道が形成される。このローブの回転は，逆旋的 (disrotatory) な回転と呼ばれる。一方，光反応の場合は，電子の遷移が伴うため，HOMOに入っている2個のπ-電子のうちの1個が最低空軌道に入ってSOMO'をつくるので，SOMO'（LUMOと同じMO）のローブをみればよい。光反応では，式 (9-5) に示したように，両末端のローブが同じ方向に回転すれば，ローブの符号が一致し，結合性のσ-軌道が形成される。このローブの回転は，共旋的 (conrotatory) な回転と呼ばれる。このように，両末端のローブの相互作用のしかたの違いによって，熱反応では *cis* - 体が，光反応では *trans* - 体が得られるのである。

9・4　シグマトロピー転位

　分子内のσ-結合の組み替えによる変化は，シグマトロピー (sigmatropy) と呼ばれ，それによって起こる反応は，シグマトロピー反応 (sigmatropic reaction) と呼ばれる。シグマトロピー反応のうち，C-H結合やC-C結合のようなσ-結合が関与する転位反応は，シグマトロピー転位 (sigmatropic rearrangement) と呼ばれる。シグマトロピー転位は，酸や塩基を用いるこ

となく熱のみで協奏的に反応が進行することから，第6章で取り扱ったイオン性の転位反応とは大きく異なる。

シグマトロピー転位は，一般的に[n.m]シグマトロピー転位と表される。このnとmはσ-結合が最終的に移動する位置を表している。例えば，式(9-6)に示したように，σ-結合がn=3とm=3に移動する反応は[3.3]シグマトロピー転位と，n=1とm=5に移動する反応は[1.5]シグマトロピー転位と呼ばれる。ここでは，協奏反応における転位反応の代表例をいくつか紹介しよう。

(9-6)

9・4・1 コープ転位 (Cope rearrangement)

Cope 転位は，[3.3]シグマトロピー転位の一種であり，分子内にビニル基 (vinyl group) とアリル基 (allyl group) を有する1,5-ジエン系の化合物に見られる反応である。通常，180〜220℃に加熱すると反応が進行する。例えば，3位に置換基を有する1,5-ヘキサジエンを加熱すると，[3.3]シグマトロピー転位が進行し，1位に置換基を有する1,5-ヘキサジエンが得られる (式9-7)。この反応では，加熱により3,4-位の単結合の切断が起こり，二重結合の移動を伴いながら1,6-位に新しいσ-結合が形成される。このCope転位は，環拡大反応にも応用することができる。

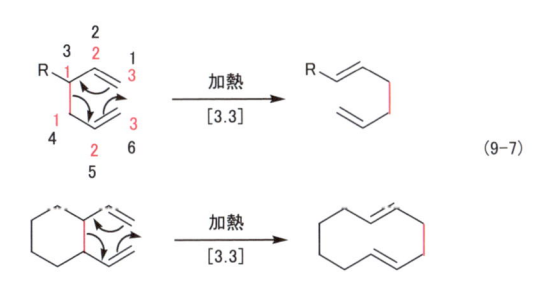

(9-7)

1,5-ヘキサジエンのRにOH基を有する化合物では，反応速度が増大し立体選択性も向上することから，この種の転位反応は，特にオキシコープ転位 (oxy-Cope rearrangement) と呼ばれる。この反応では，生成したエノールは，ケト-エノール互変異性 (keto-enol tautomerization) により安定なケト型のアルデヒドになる (式9-8)。

ビニル基

有機化合物における基 $CH_2=CH-$ の名称。

アリル基

有機化合物における基 $CH_2=CH-CH_2-$ の名称。

オキシ

オキシは，現在では有機化合物中の基 -O- (エーテル構造の酸素) のみに使われる用語であるが，古い文献では一部-OHの基名として使われていた。

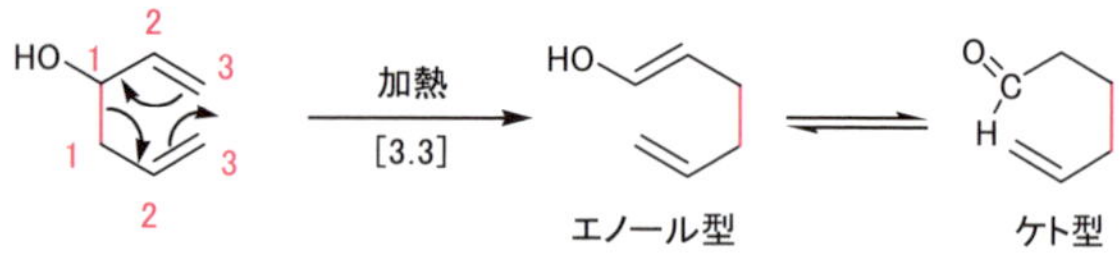

$$\text{(9-8)}$$

9・4・2 クライゼン転位 (Claisen rearrangement)

Claisen転位も[3.3]シグマトロピー転位の一種で，分子内にアリル基とビニル基を有するエーテル類に見られる反応である。この反応においても先のCope転位同様に，加熱により3,4-位の単結合の切断が起こり，二重結合の移動を伴いながら1,6-位に新しいσ-結合が形成される（式9-9）。

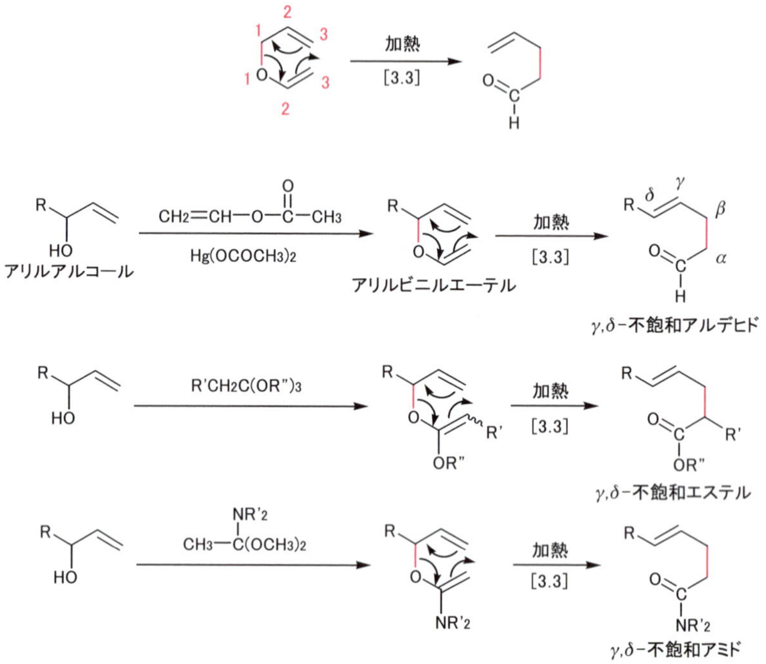

$$\text{(9-9)}$$

アリルアルコールから誘導されるアリルビニルエーテル類に，このClaisen転位を応用すれば，γ,δ-不飽和アルデヒド，γ,δ-不飽和エステル，γ,δ-不飽和アミドなど，種々の官能基をもつ有機化合物を合成することができる（式9-9）。

Claisen転位は，脂肪族化合物だけでなく，芳香族化合物においても起こる。例えば，O-アリルベンゼンを加熱すると，2-アリルフェノールが得られる（式9-10）。では，この反応はどのように進行するのだろうか。この反応のメカニズムは，^{14}Cで標識した化合物を用いて証明されている。すなわち，末端の^{14}CはC-O結合の切断と二重結合の移動を伴いながらの新しいC-C結合形成の間に"反転"される。

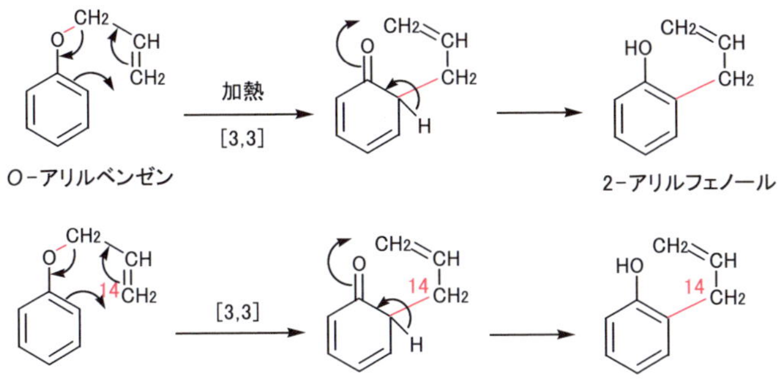

両 o-位に置換基を有する O-アリルベンゼンでは，p-置換フェノールのみが得られる。例えば，2,6-ジメチル-O-アリルベンゼンを加熱すると，4-アリル-2,6-ジメチルフェノールが得られる（式9-11）。では，この反応はどのように進行するのだろうか。この反応では，アリル基が直接 p-位に転位したのではなく，2度の転位を繰り返すことにより生成したことは，先と同様，アリル基の ^{14}C 標識位置の"ダブル反転"が起こることから立証されている。

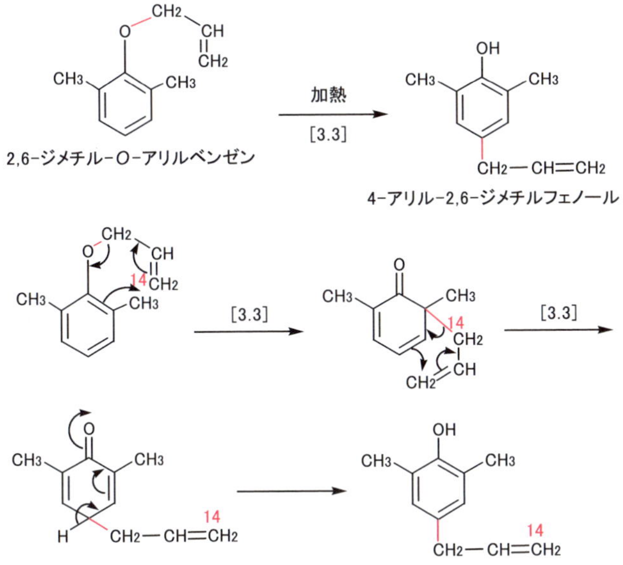

章末問題

1. 次に示した反応について生成物を記せ。

(a) [構造式: C₆H₅とCH₃を持つジエン] →(加熱)

(b) [構造式: シス-ジビニルシクロブタン] →(加熱)

(c) [構造式: CH₃-ペンタジエン] + [CH₂=CH-CO₂H] →(加熱)

(d) [構造式: OCH₃-ジエン] + [CH₂=CH-CHO] →(加熱)

(e) [ブタジエン] + [C₆H₅, H / H, CO₂H の E-体] →(加熱)

(f) [ブタジエン] + [C₆H₅, CO₂H / H, H の Z-体] →(加熱)

(g) [ブタジエン] + [CH₃CH₂O₂C-C≡C-CO₂CH₂CH₃] →(加熱)

(h) [N-CO₂CH₃ ピロール] + [CH₃O₂C-C≡C-CO₂CH₃] →(加熱)

(i) [フラン] + [CH₃O₂C-C≡C-CO₂CH₃] →(加熱)

(j) [2-C₆H₅-フラン] + [H-C≡C-CO₂CH₃] →(加熱)

(k) [テトラ-tert-ブチルシクロペンタジエノン] + [H-C≡C-tBu] →(加熱) (✗ = CH₃-C(CH₃)₂-CH₃)

(l) CH₃-CH=CH-CH₂-O-C(C₆H₅)=N-C₆H₅ →(加熱)

(m) [C₆H₅-NH-N=CH-CH₂-C₆H₅] →(加熱)

解　答

(a)　[3.3]シグマトロピー転位

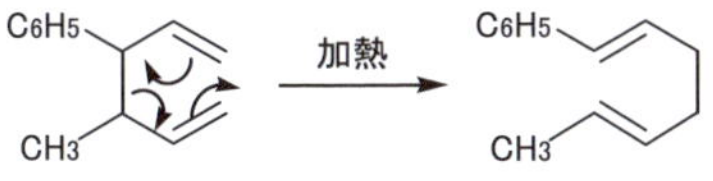

(b)　[3.3]シグマトロピー転位

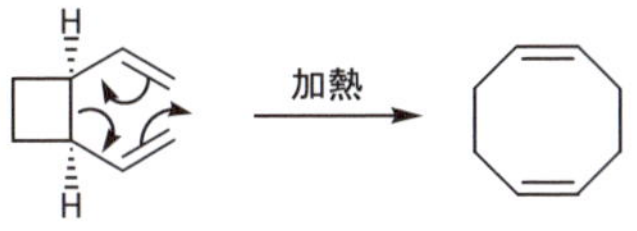

(c)　Diels-Alder反応

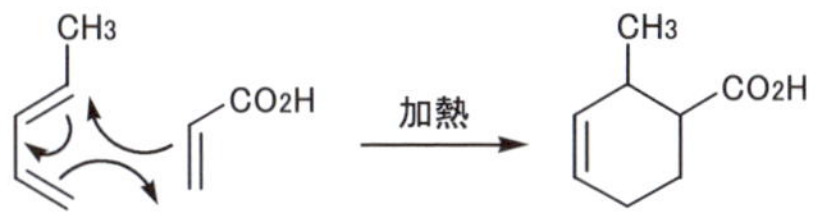

(d)　Diels-Alder反応

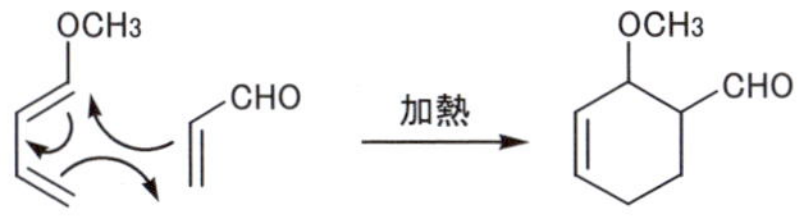

(e)　Diels-Alder反応は，立体特異的であり，*E*-体からは*trans*-体が生成する。

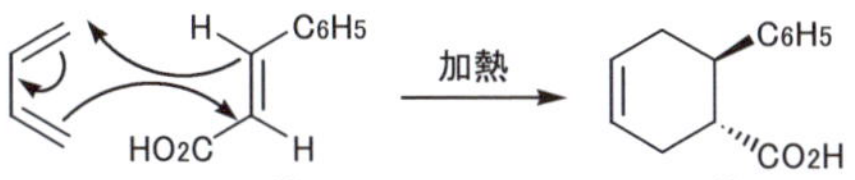

E-体　*trans*-体

(f)　*Z*-体からは，*cis*-体が生成する。

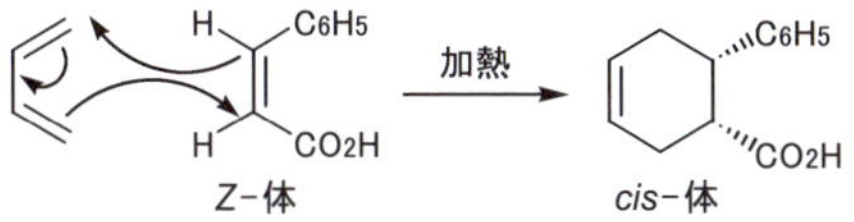

Z-体　*cis*-体

(g)　電子求引基をもつアルキンは，Diels-Alder反応における親ジエンとして働く。

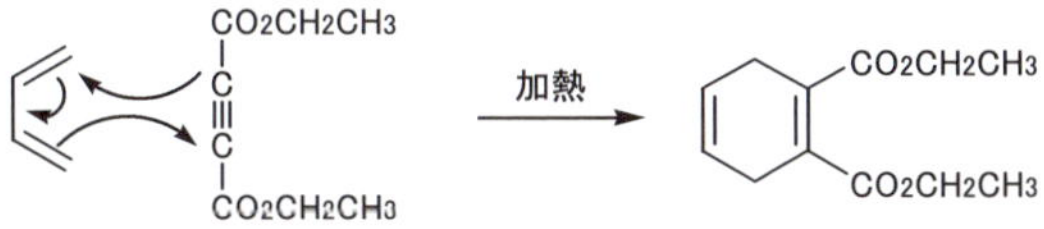

(h)　Diels-Alder反応生成物から簡単な分子が脱離して，通常合成が難しい化合物を得ることもできる。

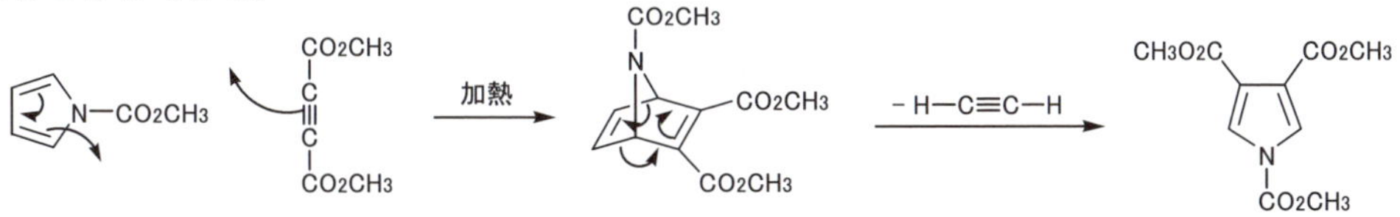

(i) 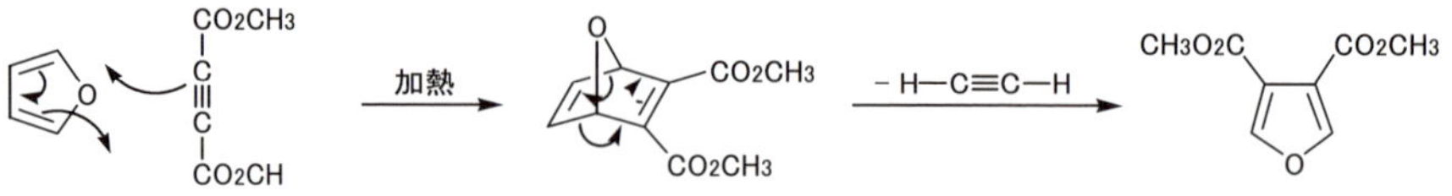 [反応式：フランとアセチレンジカルボン酸ジメチルの Diels-Alder 反応、加熱により二環性中間体を生成、–HC≡CH の脱離でフラン-3,4-ジカルボン酸ジメチルエステルを与える]

(j) 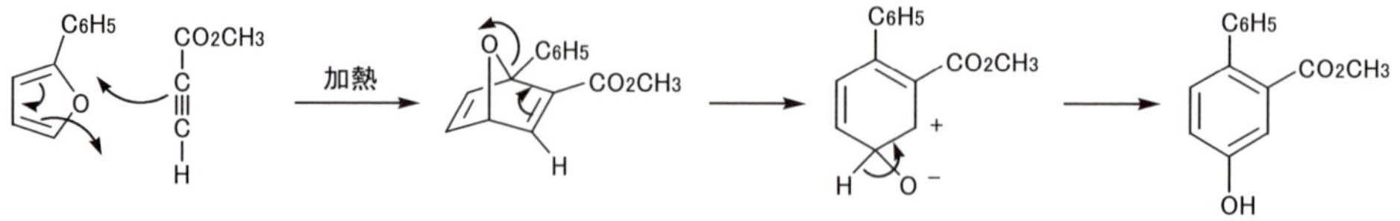 [反応式：2-フェニルフランとプロピオール酸メチルの Diels-Alder 反応、加熱により二環性中間体を経て、開環・芳香族化によりフェノール誘導体（メチル 2-フェニル-5-ヒドロキシ安息香酸エステル型）を与える]

(k) 一酸化炭素が脱離して，安定な芳香族化合物が生成する．

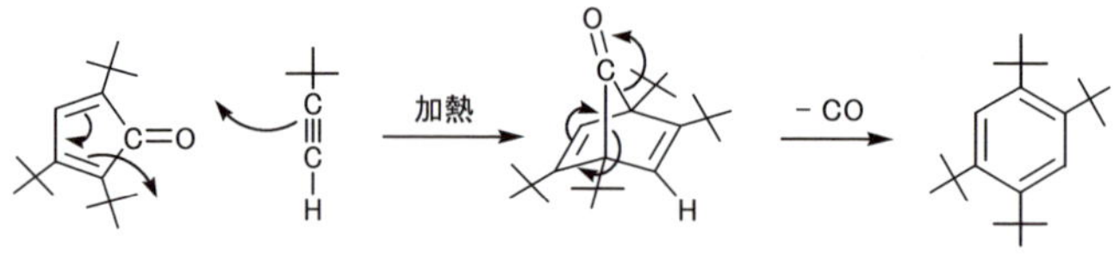

[反応式：テトラ(t-ブチル)シクロペンタジエノンと t-ブチルアセチレンの Diels-Alder 反応、加熱後 –CO 脱離でテトラ(t-ブチル)ベンゼンを与える]

(l) [3.3]シグマトロピー転位

[反応式：N,N-ジフェニル-O-クロチル型イミノエーテルが加熱により [3,3]-シグマトロピー転位して N-アシルアミン誘導体を与える]

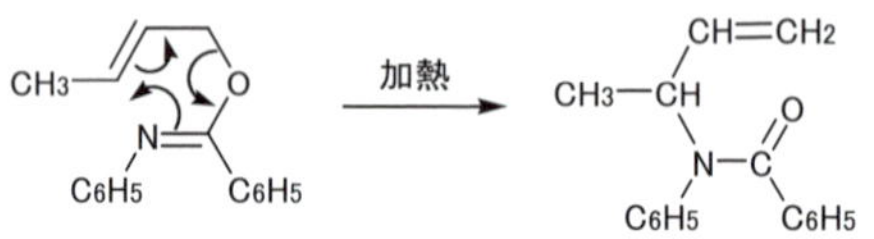

(m) この反応はアザ-クライゼン転位（aza-Claisen rearrangement）と呼ばれ，芳香族化，アンモニアの脱離をへて，インドール誘導体を与える．

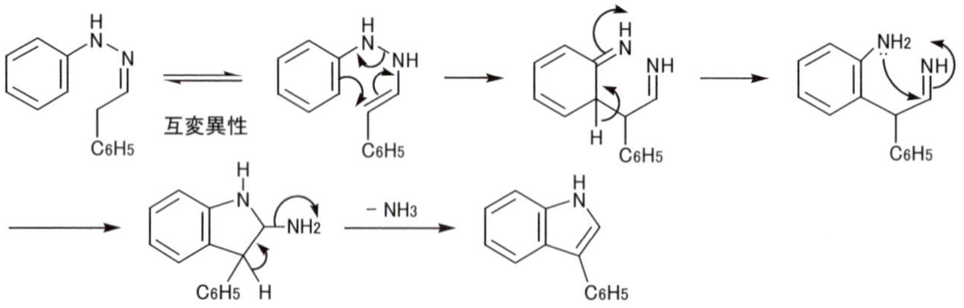

[反応式：フェニルヒドラゾン → 互変異性 → [3,3]-転位 → 環化 → –NH₃ → 3-フェニルインドール（Fischer インドール合成）]

---

2. 次に示した2つの反応についてメカニズムを記せ．

(a) 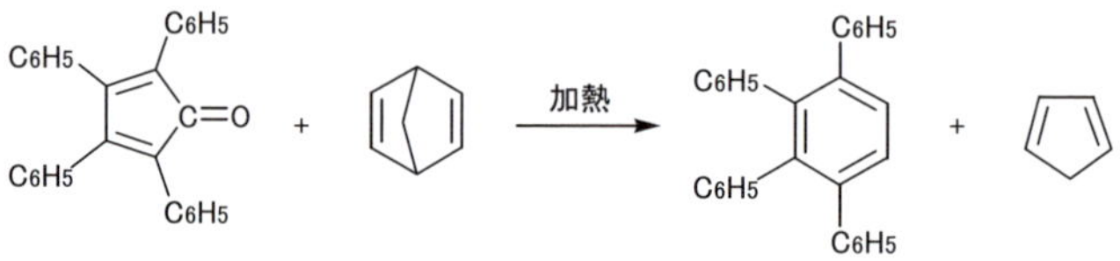 [反応式：テトラフェニルシクロペンタジエノン + ノルボルネン → 加熱 → 1,2,3,4-テトラフェニルベンゼン + シクロペンタジエン]

(b) 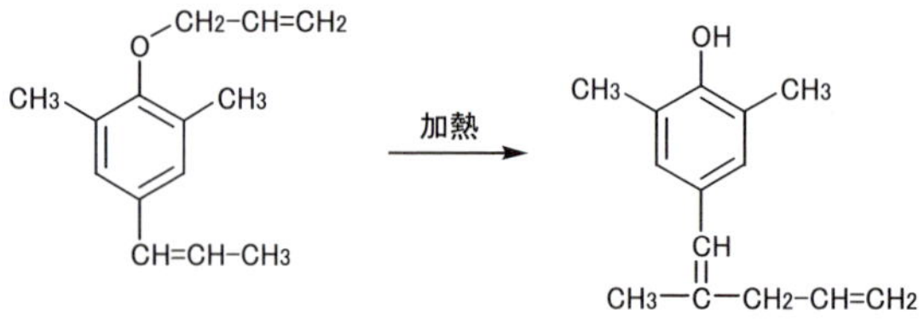 [反応式：2,6-ジメチル-4-(1-プロペニル)フェニル アリルエーテル → 加熱 → 2,6-ジメチル-4-(1-プロペニル)-3-アリルフェノール（Claisen 転位）]

解 答

(a) [反応スキーム: テトラフェニルシクロペンタジエノン + ノルボルネン → 加熱 → Diels-Alder付加体 → −CO → 中間体(1) → テトラフェニルベンゼン(2) + シクロペンタジエン]

中間体(1)は，シクロヘキサジエン誘導体であるが，これから中性のシクロペンタジエンが脱離すると，はるかに安定なベンゼン誘導体(2)が生成するため，最後の段階の反応は起こりやすい。

(b) この反応では，2回のClaisen転位と，それに続く[3,3]シグマトロピー転位が起こり，最後にプロトンが移動することにより芳香族化が達成され，生成物を与える。

[反応スキーム: アリルアリールエーテル → 加熱 → ジエノン中間体 → スピロ中間体 → ジエノン中間体 → 2,6-ジメチル-4-(ペンタ-2,4-ジエニル)フェノール]

参 考 文 献

- P. Sykes（久保田尚志訳），『有機反応機構』，東京化学同人
- K. P. C. Vollhardt and N. E. Schore（古賀憲司・野依良治・村橋俊一監訳，大嶌幸一郎・小田嶋和徳・戸部義人訳），『現代有機化学（上，下）』，化学同人
- 橋本静信・村上幸人・加納航治，『基礎有機反応論』，三共出版
- 大野惇吉，『大学生の有機化学』，三共出版
- 秋葉欣哉，『なっとくする有機化学』，講談社
- 深澤義正・笛吹修治，『はじめて学ぶ　大学の有機化学』，化学同人
- 松村功啓・柏村成史，『反応からみる　基礎有機化学』，三共出版
- 世良　明・片桐孝夫・速水醇一，『有機反応 I- 脂肪族化合物 -』，丸善
- 鈴木仁美,『有機反応 II- 芳香族化合物 -』，丸善
- 丸山和博・大槻哲夫,『有機ラジカルおよび光反応』，丸善
- 山本嘉則　編著,『有機化学　基礎の基礎』，化学同人
- 丸山和博・大谷晋一・速水醇一・児嶋真平,『有機化学序説』，化学同人
- 稲本直樹・秋葉欣哉・岡崎廉治,『演習有機反応』，南江堂
- 小林道夫・湊　宏,『現代有機化学演習』，培風館
- 吉原正邦・神川忠雄・上方宣政・藤原　尚・鍋島達弥,『有機化学演習』，三共出版
- W. C. Groutas, "Organic Reaction Mechanisms -Selected Problems and Solutions-", John Wiley & Sons, Inc.
- J. B. Hendrickson, D. J. Cram, G. S. Hammond, "Organic Chemistry", McGraw-Hill
- P. Y. Bruice, "Organic Chemistry Fourth Edition", Pearson Prentice Hall

索　引

あ 行

アキシアル　22
アザ-クライゼン転位　146
アジ化水素酸　90
アジ化ナトリウム　90
アジピン酸ジエチル　74
アシル化　3
アシルカチオン　29
アセタートイオン　11
アセチリド　18
アセトキシ基　13
アセト酢酸エチル　75
アゾビスイソブチロトリル　123
アニオン試薬　36
アニオンラジカル　127
アリル位　125
アリルカチオン　49, 85
アリル基　141
アリル転位　85
アリルラジカル　124
アルキル化　3
アルコキシラジカル　122
アルドール縮合　71
アルント-アイステルト合成
アレニウムイオン　24
アンチ　91
アンチ-ペリ平面状　110

イソシアナード　89
イリド　69

ウィッティヒ反応　68
ウイリアムソンのエーテル合成　18
ウェランド中間体　24
ウォルフ転位　87
ウォルフ-キシュナー還元　43
ウッドワード-ホフマン則　137
ウルツ反応　127

エキソ付加体　137
液体アンモニア　38, 96
エクアトリアル　22
エナミン　79
エナンチオマー　10
エノラートイオン　71
エノール　56
エポキシド　52

エリトロ体　14
塩化ベンゼンジアゾニウム　4
塩素化（反応）　1
エンド付加体　137

オキサホスフェタン　69
オキシコープ転位　141
オキシ水銀化　53
オキシム　91
オキシラン　16, 52
オキソニウムイオン　50
オゾニド　54
オゾン分解　54

α ジケトン　98
α-ハロケトン　97
α-ヒドロキシカルボンサン酸　98
α,β-脱離　105
α,β-不飽和アルデヒド　72
ε-カプロラクタム　92
E1 反応　107
E2 反応　105
I 効果　9
LCAO MO 法　134
N-ブロモコハク酸イミド　125
R,S 表示　10
S_N1　8
S_N2 反応　7
S_Ni 反応　15

か 行

過酸化ベンゾイル　123
カチオン試薬　36
カチオンラジカル　127
活性化置換基　29
活性メチレン　71
ガッターマン コッホ反応　45
ガブリエル合成　18
過マンガン酸カリウム　51
カルバミン酸　89
カルベン　87
カルボアニオン　71
カルボカチオン　8
カルボキシラートイオン　128
カルボニル基　4

キサントゲン酸メチル　112

基底状態　134
逆旋的　140
逆マルコウニコフ　51
求核試薬　6
求核置換反応　6
求核付加反応　4, 64
求電子試薬　24
求電子置換反応　3, 24
求電子付加反応　2, 46, 55
共旋的　140
協奏的付加反応　52
協奏反応　7, 108, 133
競争反応　106
共鳴構造　30
共役塩基　13
共役酸塩基対　13
許容　137
均一開裂　122
金属水素化物　64
禁制　137

クネベナーゲル縮合　80
クメン　94
クメンヒドロペルオキシド　94
クライゼン縮合　73
クライゼン転位　142
グリニャール反応　66
クルチウス転位　90
クレメンゼン還元　29
クロトン酸エチル　75

結合性軌道　134
ケテン　87
ケト-エノール互変異性　141
ケト型　56
原子軌道　133

交差アルドール縮合　72
交差カニッツァロ反応　70
五フッ化アンチモン　47
互変異性　56
コープ転位　141
コープ反応　112
コルベ電解　128
コルベ反応　42

さ 行

最高被占軌道　136
ザイツェフ則　108
最低空軌道　136
酸加水分解　67
酸触媒　50
酸素カチオン　93
ザンドマイヤー反応　37

次亜塩素酸　2
次亜臭素酸　2
ジアゾニウム塩　84
ジアゾメタン　87
シアノ酢酸エチル　75
シアノヒドリン　70
シアン化ナトリウム　70
シグマトロピー　140
シグマトロピー転位　140
シグマトロピー反応　140
四酸化オスミウム　51
ジシクロヘキシルボラン　57
シス脱離　112
シッフ塩基　79
1,4-ジヒドロ芳香族化合物　132
ジ-*tert*-ブチルペルオキシド　126
重ベンゼン　25
縮合反応　3
シュミット転位　90
親ジエン　136, 138
シン脱離　112
シンナムアルデヒド　72
シン付加　52
シン-ペリ平面状　112

水素化アルミニウムリチウム　64
水素化ホウ素ナトリウム　53, 64
水和　50
スティブンス転位　95
ストップ縮合　81
スルホニウム塩　96, 103
スルホン化　3
スルホン化反応　26

セレンオキシド　120
遷移　134
遷移状態　7

双極子モーメント　64
速度論的支配　34, 49
ソムレー転位　96

た 行

δ-錯体　24

脱水　114
脱水反応　3
脱炭酸　89
1,2-脱離　105
脱離能　12
脱離反応　105
ダルツェンス反応　81
炭素陰イオン型一分子脱離反応　107
炭素ラジカル　123

置換反応　1
チュガーエフ反応　112
超強酸　47
超共役　10, 32

ディークマン縮合　74
ティフノー反応　103
ディールス-アルダー反応　136
デーキン反応　103
デミヤノフ転位　103
転位反応　84
電気陰性度　6
電子環状反応　139

同位体効果　25
同位体標識　108
同面的　137
トシル化　11
トリフェニルホスフィン　68

d, l　113

な 行

ナイトレン　89
ナトリウムアミド　38
ナイロン-6　92

ニトリリウムイオン　91
ニトロ化　3
ニトロニウムイオン　26
ニトロメタン　75
二面角　106
ニューマン投影式　109
二量化反応　127

ネオペンチル転位　86
熱力学的支配　34, 36, 49

は 行

配向性　29
背面攻撃　7
バイヤー-ビリガー酸化　93
パーキン反応　80
バーチ還元　132
発煙硫酸　26
ハロゲン化反応　27
反結合性軌道　134
半占軌道　135
反応種　26
反面的　137

非局在化　30
非古典的カルボカチオン　14, 15
非共有電子対　6
ヒドリドイオン　18, 28, 51, 65, 69, 85
ヒドロキサム酸　90
ヒドロペルオキシド転位　94
ヒドロホウ素化反応　51
ピナコール　132
ピナコール-ピナコロン転位　86
ビニル基　141
非プロトン性極性溶媒　13
ピメリン酸ジエチル　74
ヒュッケル分子軌道法　134

ファボルスキー転位　97
フィルスマイヤー反応　42
フェニルカチオン　37
フェノニウムイオン　15, 23
付加環化反応　136
不活性置換基　29
不均一開裂　122
不均化反応　69
フリース転位　102
フリーデル-クラフツ反応　27
プロトン性極性溶媒　13
ブロモニウムイオン　47
ブロモヒドリン　48
フロンティア電子理論　137
分子軌道論　133
分子内アルドール縮合　73

ベタイン　69
ベックマン転位　91
ヘテロリシス　122

ヘミアセタール　95
ペリ位　35
ペルオキシカルボン酸　52
ペリ環状反応　136
ベンザイン　38
ベンゼンジアゾニウム塩　37
ベンゾイン縮合　70
ベンジル酸転位　98
ベンジルラジカル　124

芳香族性　3
保持　15
ホフマン則　108
ホフマン脱離　35
ホフマン転位　88
ホモリシス　122

π-錯体　47

ま 行

マイケル付加反応　74
マイゼンハイマー錯体　36

マーキュリニウムイオン　53
マルコウニコフ則　50
マロン酸ジエチル　75

メタノリシス　11
メタンスルホネート基　13
メトキシ基　13

モノペルオキシフタル酸マグネシウム　53
モロゾニド　54

m-クロロ過安息香酸　93

や 行

有機過酸　93
有機リチウム試薬　68

溶媒和　14
溶媒和エネルギー　8

ら 行

ラジカル連鎖反応　124
ラセミ体　11

律速段階　8, 25, 37, 108
立体障害　9
立体特異的　139
立体配座　110
硫化水銀　56
隣接基関与　15
リンイリド　69

励起状態　134
レフォルマトスキー　78

ロッセン転位　90
ローブ　135

Lewis酸触媒　27, 28

わ 行

ワルデン反転　7

INDEX

A

α-diketone 98
α-haloketone 97
α-hydroxy carboxylic acid 98
α,β-unsaturated aldehyde 72
σ-complex 24
ε-caprolactam 92

acetate ion 11
acetoxy group 13
acid catalyst 50
activating substituent 29
active methylene 71
acylation 3
AIBN 123
aldol condensation 71
alkoxy radical 122
alkylation 3
allowed 137
allyl cation 49, 85
allyl group 141
allyl rearrangement 85
anion radical 127
antarafacial 137
anti 91
anti-bonding orbital 134
anti-periplanar 110
anti-Markovnikov 51
aprotic polar solvent 13
aromaticity 3
Arndt-Eistert synthesis 88
atomic orbital 133
aza-Claisen rearrangemant 146
azobisisobutyronitrile 123

B

back-side attack 7
Baeyer-Villiger oxidation 93
Beckmann rearrangement 91
benzilic acid rearrangement 98
benzoyl peroxide 123
benzyne 38
betaine 69
Birch reduction 132
bonding orbital 134
BPO 123

bromonium ion 47

C

carbanion 71
carbene 87
carbocation 8
carboxylate ion 128
cation radical 127
chlorination 2
Chugaev reaction 112
cinnamaldehyde 72
Claisen condensation 73
Claisen rearrangement 142
Clemmensen reduction 29
competitive reaction 106
concerted addition 52
concerted reaction 7, 106, 133
condensation reaction 3
conformation 110
conjugate acid-base pair 13
conjugate base 13
conrotatory 140
Cope reaction 112
Cope rearrangement 141
cross-aldol condensation 72
crossed Cannizzaro reaction 70
cumene 94
cumene hydroperoxide 94
Curtis rearrangement 90
cyanohydrin 70
cycloaddition reaction 136

D

Dakin reaction 103
Darzens reaction 81
decarboxylation 89
dehydration 3, 114
delocalization 30
Demjanov rearrangement 103
Dieckmann condensation 74
dienophile 136
dihedral angle 106
dimerization 127
dipole moment 64
disproportionation 69
disrotatory 140

di-*tert*-butyl peroxide 126

E

E1cB 107
electrocyclic reaction 139
electrophilic addition 2, 46, 55
electrophilic substitution 3
electrophilic substitution reaction 24
elimination 105
Elimination, unimolecular, coujugate Base 107
enamine 79
endo-adduct 137
enol 54
enolate ion 71
epoxide 52
excited state 134
exo-adduct 137

F

Favorskii rearrangement 97
forbidden 137
Friedel-Crafts reaction 27
Fries rearrangement 102
frontier electron theory 137

G

Gabriel synthesis 18
Gattermann-Koch reaction 42
Grignard reaction 66
ground state 134

H

Halogenation 27
heterolysis 122
hemiacetal 95
highest occupied molecular orbital 136
Hofmann elimination 97
Hofmann rearrangement 88
Hofmann rule 108
HOMO 136
homolysis 122
Hückel molecular orbital method 134
hydration 50
hydride ion 51, 65, 85
hydroboration 51
hydroperoxide rearrangement 94
hyperconjugation 10

I

inactivating substituent 29
inductive effect 9
intramolecular aldol condensation 73
isocyanate 89
isotope effect 25

K

ketene 87
keto-enol tautomerization 141
keto form 56
kinetic control 35
Kolbe electrolysis 128
Kolbe reaction 42
Knoevenagel condensation 80

L

linear combination of atomic orbital molecular orbital method 134
lithium aluminum hydride 64
Lossen rearrangement 90
lowest unoccupied molecular orbital 136
LUMO 136

M

magnesium monoperoxyphthalate 53
Markovnikov rule 50
m-chloroperbenzoic acid 53, 93
mCPBA 53, 93
Meisenheimer complex 36
mercurinium ion 53
metal hydride 64
methanesulfonate group 13
methanolysis 11
methoxy group 13
methyl xanthate 112
Michael addition 74
molecular orbital theory 133
molozonide 54
MMPP 53

N

$NaNH_2$ in liquid ammonia 96
N-bromosuccinimide 125
NBS 125
neopentyl rearrangement 86
Newman's projection formula 109

nitration   3
nitrene   89
nitrilium ion   91
nitronium ion   26
nucleophile   6
nucleophilic addition   4, 64
neighboring group participation   15
nonclassical carbocation   15

O

organolithium reagent   68
orientation   29
oxirane   16, 52
oxonium ion   50
oxy-Cope rearrangement   141
oxymercuration   53
ozonide   54
ozonolysis   54

P

Perkin reaction   80
peroxycarboxylic acid   52
phenonium ion   15
phenyl cation   37
phosphonium ylide   69
pinacol-pinacolone rearrangement   86
protic polar solvent   13

R

radical chain reaction   124
rate-determining step   8, 25, 37, 108
reaction species   26
rearrangement   84
Reformatsky reaction   78
resonance structure   30
retention   15

S

Sandmeyer reaction   37
Saytzeff rule   108
Schiff base   79
Schmidt rearrangement   90
sigmatropic reaction   140
sigmatropic rearrangement   140
sigmatropy   140
singly occupied molecular orbital   135
sodium borohydride   53, 64

sodium cyanide   70
solvation energy   8
Sommelet rearrangement   96
stereospecific   139
steric hindrance   9
Stevens rearrangement   95
Stobbe condensation   81
substitution reaction   1
sulfonation   3, 26
sulfonium salt   96
superstrong acid   47
suprafacial   137
syn addition   52
syn-periplanar   112

T

tautomerism   56
Tiffeneau reaction   103
thermodynamic control   36, 49
tosylation   11
transition   134
transition state   7
triphenylphosphine   68

U

unshared electron pair   6

V

Vilsmeier reaction   42
vinyl group   141

W

Williamson ether synthesis   18
Wittig rearrangemant   96
Wittig reaction   68
Wheland intermediate   24
Wolff-Kishner reduction   43
Wolff rearrangement   87
Woodward-Hoffmann rule   137
Wurtz reaction   127

Y

ylide   96

著者略歴

加藤明良(かとう あきら)

1982年　筑波大学大学院博士課程化学研究科化学専攻修了
現　在　大分大学医学部教授
　　　　理学博士
専　攻　有機化学，複素環化学，生物無機化学
著　書　有機化学のしくみ（共著）（三共出版）
　　　　有機合成化学（共著）（朝倉書店）
　　　　構造解析学（共著）（朝倉書店）

有機反応のメカニズム(ゆうき はんのう)

2004年 3月25日　初版第 1 刷発行
2005年 4月 1日　初版第 2 刷発行
2020年 4月10日　初版第10刷発行

ⓒ　著者　加藤明良
　　発行者　秀島　功
　　印刷者　荒木浩一

発行所　三共出版株式会社　東京都千代田区神田神保町3の2
郵便番号 101-0051　振替 00110-9-1065
電話 3264-5711(代) FAX3265-5149
https://www.sankyoshuppan.co.jp/

一般社団法人日本書籍出版協会・一般社団法人自然科学書協会・工学書協会　会員

Printed in Japan　　製版印刷・アイ・ピー・エス

JCOPY ＜(一社)出版者著作権管理機構 委託出版物＞
本書の無断複写は著作権法上での例外を除き禁じられています。複写される場合は，そのつど事前に，(一社)出版者著作権管理機構(電話 03-5244-5088, FAX 03-5244-5089, e-mail: info@jcopy.or.jp)の許諾を得てください。

ISBN 4-7827-0481-X